TRIZで開発アイデアを10倍に増やす！

製品開発の問題解決
アイデア出しバイブル

井坂義治 著

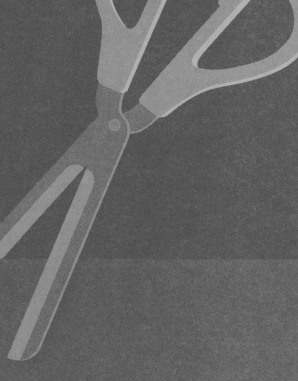

日刊工業新聞社

まえがき

　企業の規模や分野に関わらず、モノづくりでは技術で先行できると優位に立てます。商品競争力が向上できるからです。技術力とは問題解決力と言い換えられます。日本TRIZ協会のシンポジウムでは、毎年多くの成功事例の発表がなされています。多くは、それまでは不可能と考えられていた問題を見事に解決して、技術でリードできる商品によって市場での競争力が増したという成功事例の発表です。筆者は、多くの企業の技術者の方にこのような成功体験をなさっていただきたい、問題解決力を強化なさっていただきたい、そのためにTRIZ（トゥリーズ）を活用していただきたいと願っています。

　グローバルな競争が激化し、技術者の取り組むべき課題は、増えこそすれ減ることはありません。そしてより多くの課題が複雑化しています。そのために技術の深化が求められ、おのずと範囲は狭まって来ざるを得ない状況です。

　問題解決のためには発想、すなわちアイデアと創造が不可欠です。アイデアとは頭の中にある知識や経験を必要に応じて引き出したものです。創造とは、アイデアを組み合わせて新しい価値を生むことによって、問題が解決できるようにすることです。

　効果的なアイデア発想には、より多くの知識や経験が必要です。そのためには情報が必要になります。しかし、専門化の進化が進むと、異なる分野の情報は入手しにくくなるのも事実です。しかも、単なる情報では有効に使えません。情報は使えるようになってこそ価値があります。

　多くの人が問題を抱えるこのような状況で、効果的にアイデア出しに使える手法がTRIZです。さらにいうと、単なるアイデアでなく、技術問題の確実な解決のためのアイデア出しができるということです。それはTRIZでしかできないことなのです。

　TRIZを活用するうえで大事なことは、多数のアイデアを出すことです。それを容易にする簡単な方法は、たくさんの事例を示してあげることです。それによって「こんな考え方もあるのか」という発見が発想を拡げるヒントとなって、容易にアイデア出しができるようになります。そのため本書は、アイデア出しに効果的に使えるよう、多くの事例を図を用いて表すようにしました。従来のTRIZの解説書は、発明原理についての説明だけに終始するものが多かったのに対し、本書は技術進化パターンについても多数の事例を掲げています。具体的には、発明原理事例では540例以上、技術進化パターンでは95例以上を載せています。

　技術進化パターンについてきちんと説明して事例を載せたものはこれまでで初めてです。筆者の経験から、この程度の数があると、技術問題の解決バイブルとしてアイデア出しに本当に使えるものであると断言できます。

　しかも、本書は単なる事例集や解説本ではなく、実際にTRIZを使う際に間違いなく使えるためのやり方を示しました。TRIZを使う際のやり方を詳しく説明したものも、これまでなかったと思います。

i

従来多く出版されたメカニズム集とか発想法の本などではなく、ある程度 TRIZ を知っている人に対して、アイデア出しに「必携のバイブル」としてもらえる、"本当に使える！"内容とすることを本書は目指しました。TRIZ について多少勉強したが、実際の問題にどう使ったらよいのかわからないという方にも、効果的に使っていただける内容となっています。また、TRIZ ソフトである Goldfire Innovator™ を活用なさっている方にも、ソフトにはない事例を掲げましたので、効果的に活用いただけると考えます。

　最後に、本書をまとめるに際して、出版を許可くださった株式会社アイデア社長 前古護様、効果的な助言を下さった同取締役 桑原正浩様、そして出版のお骨折りを下さった日刊工業新聞社書籍編集部 天野慶悟様には、深く感謝するとともに心よりお礼申し上げます。

2016 年 4 月

井坂 義治

> Goldfire Innovatorは、米国Invention Machine社の登録商標です。

まえがき

第1章 イノベーション創出には流儀がある

- 1.1 日本企業の商品開発の問題点 ································· 1
- 1.2 やみくもな目標設定が必要 ··································· 2
- 1.3 正しい問題要因抽出を行う ··································· 6
- 1.4 圧倒的にアイデアが足りない ································· 9
- 1.5 そもそもなぜその問題が起こるのか ··························· 10
- 1.6 原因—結果分析 ··· 11
- 1.7 機能—属性分析 ··· 14

第2章 問題解決のアイデア出しには技術がある

- 2.1 先人に学ぶことで、創造の飛躍的向上を図る「TRIZ」 ············ 17
- 2.2 TRIZによる問題解決フロー ··································· 18
- 2.3 他分野の解決策を使う ······································· 21
- 2.4 失敗するTRIZの使い方 ······································· 25
- 2.5 アイデア出しの鉄則 ··· 33
- 2.6 最初のアイデアをヒントにさらにアイデアを拡げる ··············· 35

第3章 商品・技術の進化パターンを理解してアイデアを出そう

- 3.1 すべての商品・技術は規則性をもって進化する ··················· 37
- 3.2 技術進化パターンを加味したロードマップを作成しよう ··········· 40
- 3.3 技術進化パターンと発明原理（似た考えなら利用しよう）········· 43

第4章 事例から学ぶアイデア出し

- 4.1 発明原理からのアイデア出し
  （事例の図からヒントを得る）································· 47

発明原理事例

1　分割原理 ………………………………………………………………… 52

竹刀・チェーンソー・2つの冷却器を持つ冷蔵庫・デュアルインジェクタ・リーフスプリング・遠心クラッチのシュー・液体洗剤のノズル・4WD・カーシェアリング・2プラグエンジン・病院の診療科・2ステージターボ・深夜電力料金

2　分離原理 ………………………………………………………………… 54

取っ手が外せる鍋・音による蚊の追い払い・財布・ゼロ、OFFビール・3ボックス型乗用車・オイルパンのゴミ溜め・光線のカット・浴場・電車の優先座席・食品認証制度・層別・プロジェクター式ヘッドライト・バックトルクリミッタ機能を持つクラッチ

3　局所性質原理 …………………………………………………………… 56

日本刀・旋盤のバイト・サッカー用スパイクシューズ・点火プラグ・お灸・局所麻酔・自動車のバリアブルステアリング・エンジンのシリンダブロック・エンジンのバルブシート・金属の表面硬化処理・歯ブラシ・減衰力可変ダンパー・可変フライホイール

4　非対称原理 ……………………………………………………………… 58

小学生用運動靴・パソコンなどのコネクタ・非対称傘・非対称断面形状のタイヤ・刈払機ハンドル・音の少ない刈払機のカッター・駅ホームの階段・自動で戻る回転扉・位相差カムシャフト・非対称ドア・回答表示板・高速エンジンのクランク軸受・自動車のヘッドライト・二輪車用V型4気筒エンジン

5　組合せ原理 ……………………………………………………………… 60

扇風機のファン・幼児を乗せられる買い物カート・太さの異なるマーカー・GPS付き時計・セット販売・髭剃りセット・トラックの親子リーフスプリング・サイクロン付きエアクリーナ・ミニバンのテールゲート・ふた付きちりとり・重連運転・クッション材付き封筒・2段不等ピッチバルブスプリング・発電機の並列運転・ハイブリッド過給

6　汎用性原理 ……………………………………………………………… 62

多機能防災ラジオ・浴室換気乾燥機・FAX付き電話機・牛丼店と居酒屋・乾燥機能付き洗濯機・携帯電話機・クレーン車・事務用椅子・Vベルトクラッチ・電車の電柱を使った送電・フレームをオイルタンクにした二輪車・ダイヤモンド型フレーム・投光器用電源ケーブル・エンジンのモーターによるアシスト・ピストンリードバルブ方式2サイクルエンジン

7　入れ子原理 ……………………………………………………………… 64

伸縮式アンテナ・竹の子バネ・スタッキングして保管する買い物カート・給茶器の紙コップ・提灯・2重構造ボトル・シートアンダートレー・ヘルメット収容スクータ・同軸ケーブル・金型・系統図法・親和図法・シリンダヘッドの締め付け

8　つりあい原理 …………………………………………………………… 66

自動車のスポイラー・熱気球・浮き輪・カメラスタビライザー・水中翼船・駐車ブレーキ・ケーブルカー・自転車のキャリパーブレーキ・重量物の吊上げ・自動で閉じる扉・キャブレタのフロート・正/逆転ロータリー・クランク回転反力のつりあい

9　先取り反作用原理 ……………………………………………………… 68

すいか・ほたるスイッチ・文字盤の蓄光・ぜんまい玩具自動車・スプレー缶・ジャンプ傘・コードリール・キノコの炊き込みご飯・PCコンクリート（Pre stressed Concrete）・鋼管の小R曲げ・エンジンのクランクシャフト・シリンダの締め付けホーニング・二輪車のシフトペダル

10　先取り作用原理 ……………………………………………………………… 70

ユニットバス・封筒、切手・タックインデックス・ポンチ打ち・ホットプレート・電気ポット・計量カップ・郵便受け・袋入り食品の開封口・リヤワイパー・リフロー式はんだ付け・箱の折りたたみ・アイドリングストップ用CVT・自動車のインパネ

11　事前保護原理 ………………………………………………………………… 72

京都嵐山　渡月橋の流木止め・シートベルト・パンタグラフの防音壁・屋根の雪止め・チャイルドロック・使い捨て注射器・お薬手帳・監視カメラ・洗濯ネット・トイレの洗浄・クリアファイル・スペアタイヤ・ブレーキの2系統配管・ゲートプロテクター

12　等ポテンシャル原理 ………………………………………………………… 74

掘りごたつ式座敷・荷台スロープ・トラックの積み下ろしスロープ・渡り廊下・電車の床とホーム・エスカレータ・食堂のトレー供給装置・ダンプトラック・掘り下げ式整備用ピット・スポーツ飲料・スイッチバック・代金の支払い

13　逆発想原理 …………………………………………………………………… 76

冷蔵庫コンプレッサの配置・リユース業・エスカレータ・スライサー/おろし金・回転寿司・3輪型乗り物・エンジンオイルの交換・柱の背割り・しつけ用おむつ・バルバスバウ（球状船首）・サファリパーク・鋳鉄ピストン・吹き抜け燃料の再吸入によるHCの低減・排気管の後方配置・船外機プロペラのシャーピン

14　曲面原理 ……………………………………………………………………… 78

蚊取り線香・糸巻き・刃がカーブしたはさみ・ミキサーのカッター・曲がった哺乳びん・ボールジョイント・ライフリング（線条）・ダクタイル鋳鉄・ラウンドアバウト・螺旋階段・電車の架線・レベルゲージ・等速ジョイント・遠心鋳造・排気管の曲げ

15　ダイナミック性原理 ………………………………………………………… 80

蛇腹付きストロー・旅行用カバン・シャッター・シェーバーヘッド・電車の座席・ハードロックナット・背負い式刈払機・ベビーカー・動く看板・圧力計・小形自動車のリヤシート・扇子・二輪車のターンシグナルランプ・ハーモニックドライブ・フレキシブルフライホイール

16　アバウト原理 ………………………………………………………………… 82

封筒、葉書の郵便料金・バレル研磨・福袋・ベルトの穴・牛丼の盛り付け・Tシャツのサイズ・タッピンネジ・酒の量り売り・よろず相談・バイキング形式料理・溝付きピン・パレート図・ディッピング塗装・2サイクルエンジンの吸気リードバルブ

17　他次元移行原理 ……………………………………………………………… 84

キャリアカー・電車の網棚・跨線橋駅・タイヤラック・二階建てバス・螺旋状の空気配管・ハニカム構造・ランナーの除去・点字ブロック・ダイニングの椅子・バスのエンジン冷却ラジエータ・二輪車エンジンのキャブレタ配置・シリンダヘッドをねじって配置した二輪車用エンジン

18　機械的振動原理 ……………………………………………………………… 86

インパクトレンチ・ハンマードリル・AED(自動体外式除細動器)・携帯電話機のバイブレータ・ミキサー・パーツフィーダー・超音波洗浄機・超音波モーター・超音波溶着・掃除機フィルターの除塵・振動発電・圧電式ノックセンサー

v

19 周期的作用原理 ··· 88

縄跳び・洗濯機の運転・扇風機の運転・エアブロー・シャワートイレの水流・クオーツ時計・定期健診・振り子時計・パトカーの赤色灯・灯台・マッサージ機・春夏秋冬・タイヤローラ・パイプ材の整列供給

20 連続性原理 ··· 90

ミキサー車・内燃エンジン・電気丸のこ・グラインダー・トイレットペーパー・ステープラーの針・コンビニエンスストア・順送プレス・自転車の空気入れ・シーム溶接・CVT（Continuance Variable Transmission）・照明の減光方法・ギヤのノンバックラッシュ機構

21 高速実行原理 ··· 92

高温瞬間殺菌処理・みそ汁・かつおの土佐造り・エンジンのオイル冷却・アイロンがけ・玉ねぎの切断・まき割り・映画・ショットピーニング・エンジン燃焼室のスキッシュ・急速冷凍・圧電素子によるレンズ駆動・ロータリー式芝刈機・FS（Fracture Splitting）コンロッド

22 災い転じて福となすの原理 ··· 94

干し柿・ジーンズのひざ当て・予防接種・雪まつり・風力発電・モルヒネ・ポストイット・放射線療法・ズリ山（夕張市）・焼酎かすリサイクル発電・冷却器の霜を冷却に使う冷蔵庫・ワゴンセール・2サイクルエンジンの自己着火運転・エンジンのラム圧過給

23 フィードバック原理 ··· 96

鍋物料理・炊飯の水加減・アイロン・回転すし皿の定時間撤去・電波時計・自転車のオートライト・電動ファンによる冷却・PDCAサイクル・扇風機の風量制御・ガスレンジ・エンジンの冷却系・コンビニのPOS（Point Of Sales）による商品管理・エンジン回転数制御

24 仲介原理 ··· 98

ペンキ塗りの刷毛、ローラー・汗拭きハンカチ・ボールネジ・線路のバラスト・ボールペン・天敵を利用した害虫駆除・排気ガス浄化用触媒・セラミックと金属の接合・自動車ボディの塗装前処理・レトルト食品の温め・エンジンの冷却水・ワークの位置決め・研削砥石の洗浄・アルミと鋼の摩擦接合

25 セルフサービス原理 ··· 100

いかだ・サイドミラーの水滴防止・太陽電池付き電卓・エンジンのバルブ・カーヒーター・2次空気導入・紙ひも・アルミ製スプーン・ガスエンジンヒートポンプ・自動販売機飲料の冷却/加熱・発電する自動水栓・ディスクブレーキパッドの隙間自動調整・同時給排換気扇・無人ヘリコプターによる薬剤散布

26 代替原理 ··· 102

カニ風味かまぼこ・日焼けサロン・写真・トランクルーム・テレビ会議・代行運転・運転免許証・筆ペン・粉末冶金法・ひな人形・赤外線カメラによるソーラーパネルの点検・ナイロンコードカッター・のれん・電子たばこ・修正液・プレミアム商品券

27 高価な長寿命より安価な短寿命の原理 ······························· 104

使い捨てライター・使い捨てスリッパ・フローリング用ワイパー・換気扇カバー・粘着式ごきぶり捕獲器・シャンプーや液体洗剤の詰め替え容器・ランチョンマット・使い捨て食器・自動車シートの保護カバー・ビールの缶パック・カップ麺の容器・使い捨てコンタクトレンズ・建機レンタル・段ボールベッド

28 機械的システム代替原理 ································106

タイヤのスリップサイン・呼び出し端末・レーザーポインター・リモコン・電解研磨・自動改札機・ハンドドライヤー・バーコードリーダー・磁気軸受・放電加工・光造形システム・磁気研磨法・静電塗装・リニアモーターカー

29 流体利用原理 ································108

鯉のぼり・空気軸受・油圧ブレーキ・ペットボトルロケット・ハイドロフォーミング・脱穀もみの選別・キャブレタ・HLA（Hydraulic Lash Adjuster）・エアサスペンション・エゼクタを利用した冷凍サイクル・ビスカスカップリング・低気圧吸引

30 薄膜利用原理 ································110

餃子、春巻き・濡らしたしゃもじ・ラミネート加工・表面保護フィルム・袋オブラート・合わせガラス・電源プラグの電極・ティーバッグ・泡消火器・アルミホイル・制振鋼板・ドーム球場・SRSエアバッグ

31 多孔質利用原理 ································112

ふとん・水槽の空気・素焼きの植木鉢・焼結含油軸受け・新幹線のパンタグラフ・DPF（Diesel Particulate Filter）・浄水器・フェルトペン・登山用リュックサック・果物の緩衝材・気泡コンクリート・オイル塗布装置・キャブレタ燃料のオートドレン・自動車のバンパー

32 変色利用原理 ································114

フライパン・透明軸のボールペン・サーモグラフィ・ビールジョッキ・反射材を用いた服・防犯用カラーボール・エコ運転支援標示・迷彩色・赤組白組・偽造紙幣防止技術・アンカーボルトの穴あけ・ストップランプ・防眩ルームミラー

33 均質性原理 ································116

飲料用オールアルミ缶・一体成形の合成樹脂製靴・一体型包丁・氷水・食品ラップやクッキングシートの切り刃・紙ひも・制服・パック旅行・検定教科書・芯なしトイレットペーパー・コンビニエンスストア・摩擦撹拌接合・住宅用断熱材・組立カムシャフト

34 排除／再生原理 ································118

仕付け糸・ロールキャベツ・包丁研ぎ・シートタイプ印鑑・工事の足場・オルファカッター・ジューサー・自動車減速エネルギーの回収・タジン鍋・フォトリソグラフィー・ヘッドライトのハロゲン電球・蒸発燃料処理活性炭・ロストワックス鋳造法

35 パラメータ変更原理 ································120

砂糖・もち米・たまご・食用油凝固剤・固形鍋つゆの素・濃縮洗剤・食品の冷凍保存・フリーズドライ・圧力鍋・干物・オートクレーブ養生・マイクロミスト・エンジンのガス燃料・泥しょう鋳込み法

36 相変化原理 ································122

ヒートポンプ・ヒートパイプ・バブルジェットプリンター・湯水混合装置・衣類用防虫剤・焼き餃子・柄の形状が変えられるはさみ・過熱水蒸気による加熱・ホッパー冷却・2サイクルエンジンの冷却・エンジン冷却用サーモスタット・ガソリン直噴エンジン・ナトリウム封入バルブ

37 熱膨張原理 ································124

アルコール温度計・焼き嵌め、冷やし嵌め・ポン菓子・エアバッグのインフレータ・易解体性ビス・蛍光灯の点灯管・感温型カップリング・固着したネジの緩め・スターリングエンジン・温度制御装置・エンジンの低温時デコンプ装置

vii

38 高濃度酸素利用原理 126

紫外線殺菌・過酸化ナトリウムによる漂白・酸素吸入器・過酸化水素・酸素カプセル・酸素水・活魚輸送・うなぎの蒲焼き・ボイラ・スキューバダイビング・店舗の消臭、殺菌・ばっ気式浄化槽・酸素の工業的用途

39 不活性雰囲気利用原理 128

消火器・難燃繊維・ガス置換包装・脱酸素剤・レトルト食品・魔法瓶・EGR（Exhaust Gas Recirculation）・真空ミキサー・真空蒸着・MIG溶接・密閉断熱2重ガラス・真空チルド室の冷蔵庫・Vプロセス鋳造法（Vacuum Sealed Molding Process）

40 複合材料原理 130

鉄筋コンクリート・お好み焼き・ステアリングホイール・テフロンリップ付きオイルシール・圧力ゴムホース・ユニットバス・テニスラケット・ボート・ウレタン樹脂の枕木・ゴルフカート・MMC（Metal Matrix Composite）コンロッド・FRM（Fiber Reinforced Metal）耐摩環ピストン・アラミド繊維芯線タイミングベルト

4.2 技術進化パターンからのアイデア出し
　　（19の進化パターンからヒントを得る） 132

技術進化パターン事例

1 新しい物質の導入 136

トラックのブレーキ・自動車エンジンのピストン・糸はんだ・船外機の防蝕亜鉛（アノードメタル）・エアデフレクター・エンジンのウォータジャケット・シールチェーン

2 改良物質の導入 138

エンジンのカムとロッカーアーム・飛行機の翼・泡の出る便器・ランフラットタイヤ・船の横揺れ低減・コントロールケーブル

3 空隙の導入 140

容器の断熱・船外機の排気・ベンチレーテッドディスク・ディーゼルエンジンのピストン・コントロールケーブル

4 場の導入 142

炊飯器・バッテリ付き温熱ベスト・洗濯機の温水洗浄・超音波剃刀・ベンチレーション機能付き自動車シート・ターボエンジンの給気冷却・高速メッキ・チェーンソー用エンジンのエアクリーナ

5 モノーバイーポリ：類似物体 144

携帯型エンジンの始動装置・DCT（Dual Clutch Transmission）・自動車エンジンのバルブ制御装置・ブレーキキャリパ

6 モノーバイーポリ：異なる物体 146

スクータ・ターボチャージャ・自動車のドアミラー・ラチェットレンチ

7 物質と物体の分割 ··· 148

鍵・ディーゼルエンジンの燃料噴射・双胴船・糊・携帯型エンジンの潤滑

8 空間の分割 ··· 150

防振ゴム・自動車の電子制御エアサスペンション・自動車の電子制御エンジンマウント・
副燃焼室付きエンジン

9 表面の分割 ··· 152

二輪車のブレーキディスク・エンジンのシリンダライナ・エンジンの軸受・新幹線 500 系
のパンタグラフ・プラスチック製しゃもじ

10 流れの分割 ··· 154

二輪車用 2 サイクルエンジンのシリンダ・食器洗い乾燥機・ターボエンジンの排気マニホ
ルド・副吸気通路付きエンジン・節水型水洗トイレ

11 可動性の調節 ··· 156

エンジンバルブの戻し荷重発生方法・スケート靴・洗濯機の防振装置・プール・レールの
固定・自動車シートの調整

12 周期性の調節 ··· 158

送電・自動車エンジンの吸気ポート・エンジンのプレッシャウェーブ過給・自動車エンジ
ンの吸気マニホルド・音の小さなのこぎりの歯・2 サイクルエンジンの排気膨張管

13 作用の調節 ··· 160

自動車エンジン冷却水温の制御・自動車の可変気筒エンジン・自動車エンジンの発電制御・
ターボの制御・トイレの暖房便座

14 制御性の調節 ··· 162

NC 工作機械の送り制御・自動車のブレーキ制御・電気掃除機・洗濯機

15 幾何学的構造の他次元移行 ··································· 164

レース用二輪車の排気管・エンジンの放射バルブ・ヘアーブラシ・ゴルフシューズのスパ
イク・飛び出す絵本

16 線構造の幾何学的進化 ··································· 166

スプリング・麺生地用ミキサー・蛍光管・コントロールケーブル・エンジンのオイルフィ
ルター・自転車のフレーム

17 表面の幾何学的進化 ··································· 168

戦闘機の主翼・マスク・二輪車用ラジエータ・ローエッジコグベルト・ころ軸受のクラウ
ニング

18 立体構造の幾何学的進化 ··································· 170

軸受・二輪車のエアクリーナケース・炊飯器の内なべ・液体容器・ピロボール

ix

19　トリミング ……………………………………………………172

自動車のハブベアリング・自動車エンジンの燃料系・サーペンタインベルトドライブ・自動車エンジンのオイルポンプ・電車のパンタグラフ

あとがき …………………………………………………………174

Column

1　偉人に感謝　……………………………………………………5

2　規模を増やさずに競争力を高める　……………………………8

3　生き残るために進化する　………………………………… 13

4　ディーゼルエンジンは耐久性が高い？　……………………… 15

5　常識主義を打破する　…………………………………… 19

6　技術進化を予測して先行する　………………………… 32

7　技術開発の戦いは発想の戦い　………………………… 39

8　発想で勝つために　……………………………… 42

9　問題の前提を変える　………………………………… 45

10　別の分野の技術で進化する　…………………………… 50

11　ムリ、ムダ、ムラがあるから成長する　…………………134

12　商品の強さは部品技術力の強さ　………………………135

第1章 イノベーション創出には流儀がある

1.1 日本企業の商品開発の問題点

　いきなりのお尋ねで申し訳ありません。あなたは現在のご自分の業務において解決すべき問題はありますか？それが効率的に解決できると有用ですか？そして、問題が解決できると商品の競争力が高まりますか？

　馬鹿な質問を致しました。これらはすべて、当たり前のことですね、お許しのほど。では、本題です。問題を解決するために、どのような効率的なやり方をなさっていますか？

　モノづくり企業にとって、市場競争力のある商品を提供することが不可欠なことは、今更申し上げるまでもありません。製販技といわれますが、モノづくりの上流である技術がどのような商品を創り出せるかは、競争力に影響がより大きいと思われます。

　問題と一口に言っても、商品ライフサイクルからは、すでに成熟しきっていて今更大きな変更などしようがないと思われている機械系の商品などでは、ニーズは理解できていても解決しにくい場合があります。たとえば小型化や効率向上など、実現できれば良いのだがなかなか難しいと思われている問題です。

　一方、精密機器や電子機器など商品ライフサイクルの成長段階にある商品では、次々と出てくる新たなニーズに対応して、それらを商品に織り込んでいかないと競争力が得られません。むしろ、技術によって新たなニーズを創り出して行っている状況かと思います。新たな問題を効率的に解決することが求められているのです。

　このように、商品分野や段階によって解決すべき問題に違いはありますが、技術問題がないところはどこにもありません。問題がないと思っていることは開発を休むことを意味しますから、確実に負けます。いかに効率的に問題を解決すべきかが重要です。技術開発は競争力を高めて売れる商品を提供するためですから、確実に問題を解決して商品に織り込むこと

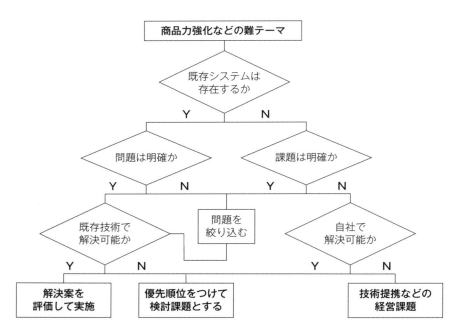

図 1.1　一般的な問題解決法

が必要です。

　では、どのような問題解決のやり方を採っているでしょうか。新しい商品といっても、技術的に今までにまったくなかったというものは少ないですから、新たな解決すべき問題について内容を絞り込んで、それについてこれまでの経験や熟知したことを踏まえて、何か適用できないかと考えるようなやり方ではないでしょうか（図 1.1）。それでうまく解決できれば素晴らしいのですが、高度な問題については確実な解決が難しい場合が多くなります。最初に問題を絞り込んでしまうと、確実な解決につながらない場合もあります。しかし時間的な制限もあり、とりあえず今はよしとしておいて、次の商品開発の際にまた考えようなどということはないでしょうか。

　では、時間が経てば問題は解決できるようになるでしょうか？この問いにイエスと答えられないのであれば、最初から確実に問題解決した商品を提供すべきではないでしょうか。問題が解決できると競争力が上がるとわかっているのなら、先に解決すべきです。そのためには、解決できるやり方を採らないと確実かつ効率的な解決はできません。残念ながら、経験だけからの問題解決のやり方をしている場合が多くあります。

1.2　やみくもな目標設定が必要

　企業における問題解決は、学校での試験の解答とは違います。学校の試験はほとんどが論理的問題で、教えたことをどれだけ理解できているかが主眼として出題されます。試験の際、

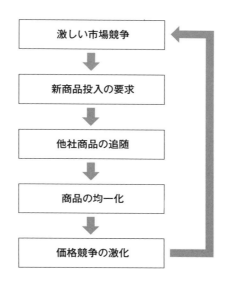

図 1.2　市場での多くの競争

教科書を見ることは許可されません。

　一方、企業における問題解決には、どのような資料やどれだけの情報を用いても、あるいは人に頼っても構わないのですが、的確に役立つ結果が求められます。自身の理解レベルは不問で、そんなことより、確実に問題が解決できるとか競合相手よりも優れているという結果が必要です。創造的な問題であるため、相対的な評価がなされます。

　商品ライフサイクルが短くなり、次々と新しい商品を提供していくことが求められています。しかしながら、新商品と銘打っても、少し優れた改良程度の機能向上ではすぐに競合相手が追いついてきます。そして、商品レベルが均一化すると価格競争になります。そうなると、体力で勝る大企業に勝てません（図 1.2）。

　しかし、圧倒的に機能が向上できていると競合相手に模倣されにくく、長い期間優位に立てます。競合相手が自社を超えるほどの新商品がすぐには出せなくなるからです。そうして、苦労して開発した商品が、長期間売れて経営に貢献できると技術者冥利に尽きます。であれば、そのような開発を目指すべきではないでしょうか。そのためには、競合相手が追いつけない実現不可能と思われるような、やみくもな目標設定がなされても、それでもきちんと解決することが求められます。

　従来の商品の延長線で考える目標レベルでなく、誰もが実現不可能と思われるような目標レベルと、それを達成することが必要だということです。まさに創造的問題に外なりません。

　では、そんな課題が与えられたとしたらどうしますか？無茶な目標では到底達成できませんと開き直っても仕方ありません。企業における問題解決では、どんなことをしてでも解決できるアイデアを出さないといけないのですから。

　さて、ではそのような解決ができた例はあるのかということになります。日本 TRIZ 協会

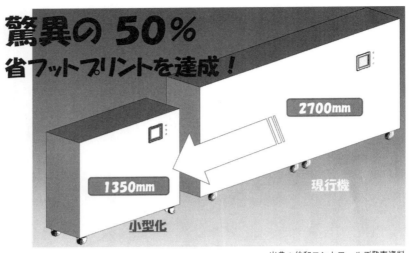

出典：伸和コントロールズ発表資料

図1.3 精密空調機の小型化事例（半導体やFPDの製造プロセスにおいて必要な、温度管理、湿度管理を行う装置：2012年発売）[1]

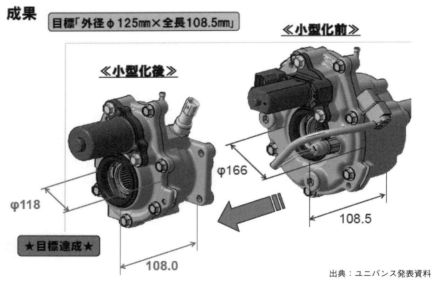

出典：ユニバンス発表資料

図1.4 減速機の小型化事例 [2]

　主催のTRIZシンポジウムでは、そのような無理難題といえる実現不可能な目標を達成して、経営に貢献できている多くの事例が報告されています。その中から代表的な事例の紹介をします。

　1つめは、伸和コントロールズにおける事例です（図1.3）。半導体などの製造において必要となる、0.1℃の精密な空調・液調装置を提供している同社では、御用聞きビジネスからの脱却を目指してTRIZによる問題解決に取り組み、それまで絶対に不可能と考えられていた空調機の設置面積の小型化を、なんと2分の1というサイズで成功しました。高度なク

リーンルームの小型化につながりますから、コストダウンはもちろん、消費電力低減や動線の短縮などの効果も得られたというものです。

2つめは、ユニバンスでの事例です（図1.4）。自動車のマニュアルトランスミッションや4WDトランスファーなどを提供している同社では、自動車の燃費・排ガス改善の要求は避けて通れません。どうにかして小型化・軽量化することが求められます。しかし、強度や信頼性を下げずに小型化を実現するには、従来の考え方では不可能でした。そこで、TRIZを用いて問題解決を図った結果、径方向寸法で約30％もの小型化が実現できたというものです。

いずれも、実現不可能と考えられていた高い目標を達成することによって大きな効果が得られたものですが、他にも多くの成功発表がされています。お客様が求めるなら、商品競争力が上がるなら、無理と思われるやみくもな目標に取り組むしかありません。

Column 1 偉人に感謝

みなさまは二輪車のレースをご存知でしょうか。サーキットでのロードレースです。日本では「3ない」に代表される特殊な二輪車文化がありますから、オートバイなど毛嫌いし、だから乗ったこともないし、もちろんレースなど知らないという方も多いと思います。日本ではサッカーは海外チームの試合をテレビ放送しても、モータースポーツについては自動車のF1でさえも放送していません。ましてや、オートバイのレースなど新聞の片隅にも載りません。しかし、実は日本のオートバイメーカーは、半世紀以上も世界でのレースを戦い続けてきています。

世界のレースに初めて参加したのはホンダです。1954年に、当時世界で最も権威のあるTT（Tourist Trophy）レースに出場したのが最初です。当時はイタリアやドイツのメーカーが覇を競っていました。日本ではまだ世界でのレースなど誰も考えもしなかった時代でした。どうしたら速く走ることができるか、エンジンの馬力はどうしたら出せるかもわかっていない時代でした。その時に世界一を目指してレースに参戦することを決断したわけです。

速く走るマシンはどうすればつくれるか。まずはエンジンの出力向上が求められます。当時の目標は100PS／L、すなわち、1,000cc当たり換算で100PSです。その実現のために色々な試行錯誤を繰り返しながら140PS／L程度を得て、1958年のTTレースで入賞し、本格的な世界グランプリレース参加が始まったわけです。そしてスズキ、ヤマハも参戦するようになり、1960年代以降は日本メーカー同士の闘いとなり、今日に至っています。

参加した最初の頃の日本の技術レベルといえば、まだまだ欧米に勝てるレベルではありませんでした。レースマシンを造るにも、チェーン、タイヤ、点火プラグなどレースに使えるレベルのものは外国製しかない状況でした。国産の部品でレースに出ることが日本の技術を高めることになると、部品メーカーと共に戦いながら技術力を高めていくようになったわけです。

現在は、これらのメーカーは世界一のレベルにありますが、当時のレース参加によって技術と知名度を高められたとおっしゃいます。たとえば、点火プラグは4サイクルの125cc4気筒といった小さなエンジンに使えるように、ネジサイズが10mmのものが当時に開発されました。自動車など、それまでは14mmですから断面積では1/2になります。そこに過酷な高回転での

熱や振動に耐えながら火花を発生し、高電圧の絶縁も保証することを考えると、とんでもなく難しい問題でした。現在では市販の自動車のエンジンにも、冷却を良くして圧縮比向上による燃費改善を図るため 10mm サイズの点火プラグが使われたりしています。まさに隔世の感があります。

　現在では自動車に比べて桁の違う僅かな生産台数でしかない二輪車ですが、レースによって日本の産業に少なからぬ貢献をしてきたわけです。それは、敗戦から立ち直り、何とかして欧米に追いつきたいと、高い目標を掲げて実現のために努力なさってきた偉人がいたからこそであるわけです。

　一方、その頃アルトシューラーは TRIZ 学校を設立して、TRIZ を旧ソビエトに広めていたわけです。当時に考え出された工学的矛盾などのツールが今日でも通用し、そして、あらゆる分野で効果が出せているのには驚くばかりです。誰もが TRIZ を使うことを認めてくれたことにより、アイデア社で微力ながらも企業様の問題解決にお手伝いできていることをありがたく思います。日本と旧ソビエトの偉人に心より感謝するものです。

1.3　正しい問題要因抽出を行う

　与えられた目標を達成するための問題解決に際して、まずは、目標を達成するためにどのような問題要因を解決しなければならないかを明らかにすることが必要です。その問題要因を解決したら、本当にその問題が解決できるのかが明確でない場合があります。

　実は、多くの場合では、問題を起こしている要因は複数あることがほとんどなのです。確実な問題解決のためには、抜かりなく要因を抽出し対策の手を打つことが必要です。当然のことです。経験をもとに、初めから要因はこうだと決めつけてしまったのでは、他の要因に考えが及ばない場合があります。解決を急ぐあまり「要因はこれだ」と断定してしまうと確実な対策になりません。

　そのような思い込みや決めつけをなくすために、機能について考える、機能展開するやり方が知られています。後で詳しく説明しますが、マラリアが流行して多くの人が亡くなり、その対策が急務となったという事例です[3]。マラリアは蚊が媒介する伝染病で、その流行は多くの蚊（ハマダラカ）が発生したことが原因でした。ですから、対策のためには蚊を減らすことが必要です。そこで、蚊を減らすという目的を達成する手段を展開します。そして、その手段を次の段階で改めて目的ととらえてさらに手段に展開していきます。目的 – 手段のこのやり方で行った例を図 1.5 に示します。

　どうでしょうか。図 1.5 では、蚊を減らす目的のために、一見すると何となくうまく展開できているような感じがしませんか。しかしながら、これは役に立たない展開なのです。なぜなら、「蚊を減らしたい」という願望で展開してしまっているからです。これは、このような展開をしなくてもわかっていることを書き出しただけに過ぎないもので、わかっている具体的な手段につながるように形を整えただけのものなのです。このような展開では役に立ちません。解決を急ぐあまり、目的からいきなり手段を考えてしまっているのです。

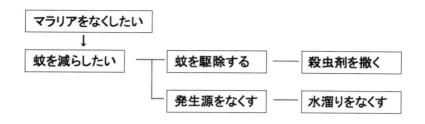

図 1.5　効果的でない機能展開の例

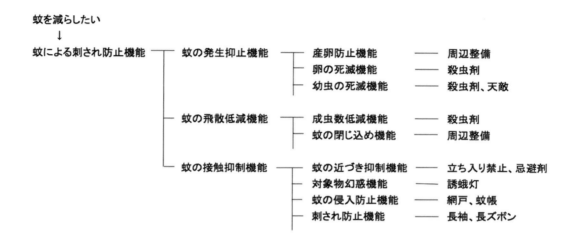

図 1.6　正しい機能展開の例

　では、このような展開になってしまう原因は何でしょうか。それは目的からいきなり手段を考えてしまっているからです。目の前の問題を早く何とかしないといけないという強迫観念で考えたのでは、見えていることにしか考えが及びません。時間に追われている時にはそのような考え方になりがちなのですが、結果としてそれが思い込みや決めつけになってしまうわけです。

　それではどうすればよいのか。機能で展開していくことです。機能で展開していくということは、蚊を駆除したり、発生源をなくしたりするなどの直接的な手段を考えるのではありません。蚊を減らすという目的の機能を実現するために、どのような手順や機能が必要なのかを考えるということです。

　蚊を減らすという目的は、蚊による刺されを防ぐためです。蚊による刺され防止機能を実現するには、飛来してきた蚊との接触を少なくする機能と、その前に身近に飛来してくる蚊の数を減らしたり蚊の移動を抑えたりする機能と、さらにその前段階として、成虫となる蚊の発生を抑える機能が考えられます。

　次にそれぞれのサブ機能を検討します。蚊の発生抑止機能として、まずは蚊が産卵できな

いようにする。次には卵が孵化しないようにする。そして幼虫の段階で死滅させるなどの機能が挙げられます。それでも成虫になった蚊は、その数を減らすことと、一定範囲からの移動を抑えるなどの機能が考えられます。

そして人への接触を抑えることとしては、蚊のいる場所に近づかないことと、蚊が嫌って寄ってこないようにする、そして蚊を他の場所におびき寄せるなどの機能が挙げられます。これらを図1.6に示しました。

このように問題状況をきちんと機能で認識できると、どのような機能について対策すれば良いのかが見えてきます。機能展開は、この機能はどのような役割を担っているのかという機能で考えることです。きちんと展開することによって、思い込みや決めつけによる問題要因の見落としをなくすことができます。

Column 2 規模を増やさずに競争力を高める

どうしても競争に勝とうと思ったら、どのような戦略を立てますか。

戦国時代での戦では、兵や馬の数を増やすのが有利だったように、効果的なのはヒトやカネの規模を大きくすることです。90年代の終わりごろ、二輪ロードレースにおける当時最高峰の2サイクル500ccエンジンのクラスで、世界中のサーキットで激しく覇を競っていました。そのとき、1年のレースシーズンの途中から新しいマシンを登場させてくるメーカーがありました。

通常、どのメーカーもその年のレースには初めに新しいマシンを用意して、1年間はそのマシンで戦います。しかし、シーズン途中からまた新しいマシンを投入して、戦闘力を増すことによってチャンピオンを狙ってきたわけです。途中から翌年のマシンを投入してくるのと同じですから、優位な戦いができます。規模に勝る優位性を活かして、ヒトやカネに倍の資源を注ぎ込んでも、とにかく勝ちにいくという戦略だったわけです。

現在はイコールコンディションが進み、使用できるタイヤの本数やエンジン基数も制限されていますから、同じ1勝でも勝利の意義はその頃より大きいと思われます。

レースでは、マシンとライダーと運営の3つが、きっちり働かないと勝てないといわれますが、技術屋としては、マシンの戦闘力をどうやって高めるかが最も重要な課題です。速く走るというその1点のために、考えられるあらゆることを実施しないと勝てるマシンになりません。競争が技術進化を加速しています。

しかし、商品開発では機能以外にも多くの課題を同時に達成することが求められます。実現できないと商品となり得ません。問題解決をどのように高いレベルで実現できるかが技術者の仕事であって、必要なことは競合相手よりもレベルの高い解決を先にすることです。それを冒頭のレースのように規模を増やして行うのでなく、効率を上げることによって開発力を高めることが求められます。それには兵や馬の数による勝負ではなく、戦い方を変えるための鉄砲を用いることです。

そのためのツールがTRIZであるわけです。あらゆる分野の問題解決、技術進化の歴史が、誰にも使えるようになっているのがTRIZですから、技術者が問題解決のために同手法を使わ

ず、経験に頼る旧態依然のやり方をしていたのでは、遅れを取ることは明らかです。ましてや、規模が競合相手ほどでないのであれば、同じやり方をしていたのでは勝負にならないことは明白です。どこかのレスリングの親子のように「気合いだ！気合いだ！」と連呼するだけでは勝てません。

TRIZ プログラムによる問題解決ステップを経験すると、技術者として確実に成長できます。そのような経験をさせてやり、成長させてやることが管理者の仕事であると思います。「目の前の火事を消さねばどうしようもない」と、目先の問題対応を優先することで改革が先送りになってしまう、「日常業務が長期的改革を駆逐する」状況に陥ることのないようにすることです。目先の問題を片付けるだけでは管理者として不十分です。必要なことは早く TRIZ を実践することです。簡単なことです。

1.4 圧倒的にアイデアが足りない

きちんと機能展開ができて、具体的手段にまでつながると問題は解決できそうに思います。しかしながらアイデアの数が足りません。図 1.6 で出せているアイデアは実現可能そうに見えますが、それは誰もが思いつくアイデアに過ぎません。わかってはいるが、とりあえず出してみたというようなアイデアが多くなります。機能展開は問題を整理して可視化する優れたやり方ですが、アイデアを出す手段ではありません。

従来から、アイデア出し手法として多くの手法が紹介されています。しかしながら、技術的問題には使いにくいとか、組織的に実施するには難しいといったことから、実際に活用されている例は多くないようです。良く知られているブレーンストーミングでさえも、アイデアの数はせいぜい 30 件、多くて 50 件程度というのが通常のようです。これでは、簡単な問題なら何とかなるでしょうが、難しい問題は時間をかけても解決できないことになります。時間をかければアイデアが出せるというものではないからです。

また、課題とは「ねらいを達成するために新たなやり方を創り出すこと」とされ、課題達成のための QC ストーリーも提案されています。しかし、攻めどころと目標を設定しても、方策の立案については従来の発想法しか説明されていません。ですから、結果的に課題達成に成功できても、他のアイデアが出せていたならもっと大きな効果が得られたかも知れないという思いが残ることになるかも知れません。

TRIZ では、アルトシューラーによる発明の 5 段階が知られています（図 1.7）。特許に記載されている発明をレベルごとにランク分けした結果、5 段階に分類されたというものです。できるだけ上位となるような優れた発明をしたいと思いますが、では、そのために必要なアイデアの数はというと、レベル 1 の発明では 10 の 1 乗、レベル 2 では 10 の 2 乗、レベル 3 では 10 の 3 乗といわれています。これは TRIZ を使わない従来の非効率な場合だと思いますが、レベルの高い発明のためにはそれだけ多くのアイデアが必要だということです。

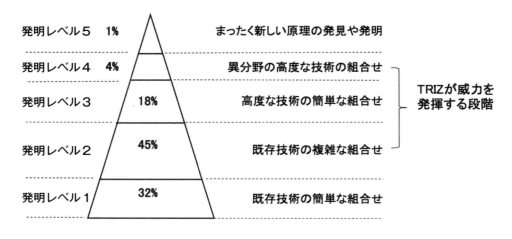

図 1.7 アルトシューラーによる発明の 5 段階 [3]

1.5 そもそもなぜその問題が起きるのか

　問題要因を抽出しても、要因の原因に対策しないときちんとした対策にならず、さらに新たな問題が発生してしまうことになります。これを、蚊を駆除するため DDT を散布したら伝染病が流行ってしまったという問題で見てみます。

　1950 年代、イギリス領のボルネオでマラリアが流行しました。マラリアは蚊（ハマダラカ）が媒介して伝染する病気で、そのため蚊に刺された多くの人が死にました。緊急を要する大問題です。そのため WHO は、当時は禁止されていなかった強力な殺虫剤である DDT を大量に散布しました。その結果、蚊は減りマラリアの感染者も減りました。めでたく問題は解決したかのようでした。しかし、今度は新たにネズミが媒介する伝染病が流行ってしまったのです。

　これはマラリアが流行したという問題に、DDT を大量散布した結果蚊は死んだが、その蚊を餌にしたヤモリに DDT が生体濃縮された。そして DDT を浴びても平気だった猫が今度はそのヤモリを餌にした結果死んでしまって数が減り、とうとう島から猫がいなくなってしまった。それを喜んだネズミが大繁殖してしまい、それによる新たな伝染病が拡がってしまったという顛末です。蚊を減らすという対策の結果が問題の連鎖を生み、どうにもならない結果につながってしまったのです。その結果に困った植民地政府は、軍隊を使って空から 1 万匹以上の猫にパラシュートを付けて撒いたそうです。これは本当の話です [4]。

　上記で説明した、DDT を散布したら別の伝染病が流行ってしまったという問題を、原因と結果の関係で整理してみると図 1.8 のようになります。

　蚊が多いから蚊を駆除する。このような、見えている状況にだけ対策したのでは、有効な対策にならないわけです。DDT 散布で一時的に蚊はいなくなっても、またじきに発生します。

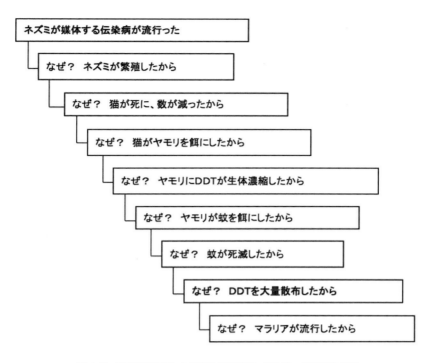

図 1.8　DDT を散布したら伝染病が流行ってしまった問題の分析

そして、DDT 散布が原因となる新たな問題は残ります。そのために、その対策が新たに加わることになります。そのようなことにならないよう、機能展開をして要因を俯瞰しました。ここで間違えてはいけないのは、必要なのは効果のある機能について考えることで、やりやすい機能を採用することではないということです。緊急だからといって早く簡単にできる対策を優先すると、それが別の問題を引き起こす原因となるわけです。

1.6　原因－結果分析

　上記問題の事の起こりは、マラリアの発生に対して DDT を大量散布したのが原因です。対策を考えるべきは、マラリアが流行している原因についてです。根本原因について対策しないと有効な対策になりません。そのために、原因と結果について展開します。

　図 1.9 のように、マラリアが流行ったのは蚊に刺されたことが原因です。蚊が発生するだけでは問題になりません。ですから、個人としてできることを考えると、とにかく蚊に刺されないようにすることです。蚊に刺されるのは、蚊が近くに寄ってくることが原因です。

　蚊が寄ってくる原因を考えると、肌を出しているからとか、暑いので窓を開けているからなどが挙がります。すると対策としては、暑くても肌を出さない服装をするとか、蚊をシャットアウトするために蚊帳をつるす（当時のボルネオにはなかったかも知れません。蚊帳を発明した日本の先人に感謝）や、冷房がないので風通しを良くしたいために網戸を用いるとか、

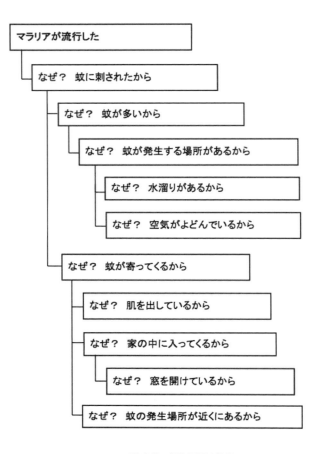

図 1.9　根本原因の抽出

蚊取り線香を焚く（現地に当時あったかどうかは別にして、蚊の嫌う臭いの植物など）などが、個人としてできることとして考えられます。

　また、行政の立場に立って実施できることを考えるならば、蚊が多く発生していることを問題とすべきです。すると、蚊の発生する場所があることが原因となります。ボーフラの湧く発生源となる水溜りをなくすとか、風通しを良くして空気のよどんでいる場所をなくすことなどに手を打つことが考えられます。また、屋内への蚊の侵入を止める網戸を普及させることなども考えられます（これは、現在であればということで、当時の状況からは難しかったであろうことは承知の上で説明しています。当時とは状況の異なる後になっての話ではありますが、原因を見つけるための考え方として紹介しています）。行政の行う対策の方がより効果的なのは、個人の対策よりももっと上位の原因に対策できるからです。

　このようなやり方で、問題の根本原因はどこなのかを明らかにしていきます。問題の本当の原因を正しく見つけることが問題解決には最も必要なことです。そのために原因-結果分析は強力で有効な手法なのです。これは、故障発生のメカニズムを考えたとき、故障が発生するには破損や亀裂、摩耗などといった故障モードがあり、それにはゆがみや疲労、クリー

第1章　イノベーション創出には流儀がある

プ、劣化などの故障原因が存在し、さらにその先には熱や荷重、振動、圧力などのストレスの発生があるわけです。最初のストレスを除去したり回避できたりすると、最も効果的な対策になるのは誰でも理解しています。根本原因を考えるのはこれと同じことですので、理解しやすいと思います。

Column ❸　生き残るために進化する

　レッドゾーンの高回転でも振動のない滑らかなロータリーエンジン、胸のすく加速感を体感できる2サイクルエンジンなど、これらのエンジンを搭載した乗り物に乗った経験はおありでしょうか。乗り物としての面白さにはエンジン特性が大きく関わりますが、自動車の排気ガス規制が実施されたおかげで、今ではガソリンエンジンはすべて4サイクルエンジンになってしまい、乗り物としてこれらを楽しめる機会は、残念ながらなくなってしまいました。仕方のないこととはいえ、感動を覚える機会がなくなり寂しく感じます。

　生き残ったのが4サイクルレシプロエンジンですが、では、優れているから生き残ったのかというとそうではありません。決定的な弱点がないから生き延びているわけです。決定的弱点とは、どのようにしても解決できない問題ということです。たとえば、ロータリーエンジンの偏平な燃焼室形状からくる表面積の大きさ、これは熱効率が改善しにくい欠点があります。また、2サイクルエンジンの掃気行程を有することによるHC排出量の多さ、これは特に冷間時を考えるまでもなくどうにもならない欠点です。これらの持って生まれた欠点は、どのような技術的対策手段を用いても解決できない問題です。このような致命的な欠点がないから、4サイクルレシプルエンジンが生き残っているわけです。

　4サイクルガソリンエンジンも、大きいものは自動車用の5リットルを超えるものから、小さいものは携帯用の25cc程度のものまで実用化されています。用途が異なると、エンジンに対する要求も違ってきますから、それぞれに技術的な難しさがあります。しかしながら、どうにもならない問題ではありません。決定的弱点というものではないので、技術的に何とかなる問題です。そのため、電子制御がされたり、色々な可変機構が採用されたりして進化を続けています。大きな変化のないように思われるエンジンでも、時代の要求に適合するために進化しているわけです。

　技術の問題解決には競合相手がいます。同じようなレベルの技術者が、同じような問題解決に取り組んでいます。技術者の仕事は競合相手よりもレベルの高い解決を先にすることです。効率的に問題解決することが必要です。それには、そのための手法を身につけることが必要になりますが、それがTRIZです。効率的な問題解決のための手法も使わず、経験に頼るだけの旧態依然の仕事のやり方をしていたのでは、遅れを取ることは明らかです。まして、それが技術者として致命傷ともいえる決定的弱点になるのでは気の毒です。

　高齢者雇用安定法が施行され、60歳を過ぎても同じ会社で働きたいと思っている人が多いのだそうです。そのためには会社に役に立つと認めてもらうことが必要です。使い捨てされずに生き残るためには、技術力を活用できるようにすることです。培ってきた知識や経験を活かせる手法であるTRIZを身につけることによって、自身も進化していくことが必要ではないでしょうか。

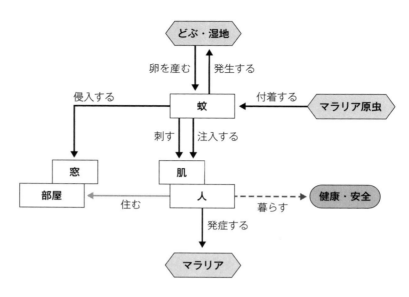

図 1.10　機能－属性分析

1.7　機能－属性分析

　問題の原因を探す方法は、原因－結果分析しかないわけではありません。ここでは、実際の問題解決で用いている別の手法を紹介します。問題が発生している状況を表すのに、問題を構成要素の作用のつながりで表現する、機能－属性分析というやり方です。発生している問題を、関連する構成要素の作用のつながりで表していくものです。連関図法のような表現といった方が理解しやすいかも知れません。

　前述のマラリアの問題で、人が部屋の中にいて蚊に刺されたときの状況と問題を表したものを図 1.10 に示します。部屋の中で人は安全・快適を求めているのですが、部屋に進入してきた蚊によって刺されて、マラリアを発症してしまいます。蚊が部屋に進入するという有害作用と、蚊が人を刺すという有害作用が直接的な問題です。そして、その作用の先にはどぶなどの水溜りがあり、そこが蚊の発生源となる卵を産む場所となっているわけです。

　しかし、ここは個人では手が打てないところです。もちろん、水溜りができるのは降雨が多いためで、さらに熱帯地方であることに関係します。しかし、ここまで行ってしまったのでは、誰も対策できませんよね。このように、先の原因－結果分析と併せて見てみると、どこが対策すべき本当の原因なのかがわかってきます。

　このような説明をすると、蚊やハエ、ゴキブリなど、今の日本でも害虫駆除は完全に解決できていないのに、熱帯のマラリアの蚊が駆除できるとは思えない、何をわかったような話をしているのだとお叱りを受けるかも知れません。けれども、ここでは、対策案を評価したり対策案の有効性を検証しようというものではありません。どこに手を打てば問題が確実に解決できるかというと、根本原因に対策するしか最も効果的な対策はないのであって、それ

14

第1章 イノベーション創出には流儀がある

をどのように見つけるかということが重要なのです。そのためのやり方を説明しているのです。

また、なぜ部屋の中での問題なのか、外にいて蚊に刺される場合が抜けているとのご指摘もあるでしょう。それは、その場合の問題原因について別に分析することが必要です。色々な問題発生状況があれば原因が異なるので、それぞれについて分析してみることが必要なのです。何でも一緒くたにして対策しようとしても、原因が異なるので効果的な対策になりません。

実際の問題解決においては、どこに対策の手を打つべきか、きちんと納得することが必要です。一人で対策を実施するわけではありませんから、これなら解決できるとメンバーがしっかり理解し納得できることが必要です。そのために、上記の手法を用いて問題状況を可視化し、理解できるようにするのは重要なことです。このことを、ここまで簡単な例で紹介しました。

さて、イノベーションといえるほどの商品には、解決を要するやみくもな目標が与えられる場合が多くあり、それを高度かつ早く解決するにはそのためのやり方が必要になります。そして、解決を考えるのは問題の原因についてであり、そのためのやり方について説明しました。技術問題は商品やライフサイクル段階、技術分野を問わず日常的に解決が求められますから、「原因－結果分析」や「機能－属性分析」が使えると強力な武器になることはいうまでもありません。

Column 4 ディーゼルエンジンは耐久性が高い？

トラックやバスなどの大型自動車をはじめ、建機、船舶など、大きな出力を必要とするものの動力源として用いられるディーゼルエンジン。燃費が良いことと、耐久性が高いエンジンであると認識されています。仕事に用いるものであっても、ガソリンエンジンのタクシーに比べて、ディーゼルのトラックの方が寿命までの走行距離が長そうです。こんなことを言うと、何を今更、当たり前ではないかと叱られそうです。

では、そもそもディーゼルエンジンとは、ガソリンエンジンに比べて耐久性が高いものなのでしょうか。そのような特性を持っているものでしょうか。内燃機関の本を見ても、ディーゼルは寿命が長いものであるという説明はどこにも書かれていません。でも、ガソリンと比べて、同じ馬力を得るなら排気量は大きくなり、重量も増えますが、耐久性は高いものであると思われています。

同じ内燃機関であっても、ガソリンは小型で軽量が可能なことから高回転で運転でき、かつ加減速の応答が良いという特徴があり、逆にディーゼルは大型に向き、低速での大きなトルクを利用でき、負荷が小さくても燃費が良いという特徴があります。

そのため、ディーゼルは安い燃料で運転でき経済的であるという特性を活かして、業務用として使用するために耐久性を持たせた設計をしてあるわけです。比出力が低いので重量あたりの発熱量も低く、熱による劣化も少ないこともありますが、大型でもあるためニーズに沿った

15

耐久性を持たせた堅牢な設計がされているということです。ディーゼルだからもともと耐久性が高いということではありません。

　これを表面的にだけとらえて、単純にディーゼルだから耐久性が高いと思っている人が技術者にもいます。これは常識や偏見、思い込みといった心理的惰性というものです。問題解決に際して、このような心理的惰性は敵です。最初の問題設定が違っていることになりますから、いくらアイデアを出しても解決できる効果的なアイデアになりません。ムダなだけです。

　言われてみると当たり前と思いますが、このような話、あなたの周りにありませんか？難病や持病といわれる、ずっと解決できない解決の難しい問題というのは、問題の設定が違っていることが多いものです。理屈の上からどうにもならない問題なら仕方ないですが、そうでなければ解決できます。ただそのようなやり方をしていないだけのことです。もったいない話です。

　TRIZ プログラムは、このようなことにならないよう、何についてアイデア出しをするか、問題の原因を最初にきちんと掘り下げます。これまでも申し上げてきていますが、TRIZ は単なるアイデア出し手法ではありません。また、たまにある話で、アイデアを出したいから TRIZ を使うという例ですが、これは TRIZ の使い方としては不十分です。これでは間違った使い方となる恐れもあります。アイデアを出すよりも、何についてアイデアを出すかが重要ということです。原因の追究です。

　論より証拠。一度、TRIZ プログラムを実践なさることをお奨めします。

第2章 問題解決のアイデア出しには技術がある

2.1 先人に学ぶことで、創造の飛躍的向上を図る「TRIZ」

　発明的問題解決理論と呼ばれるTRIZ（トゥリーズ）は、旧ソビエトで構築された問題解決手法です。英語でTheory of Inventive Problem Solvingと示される、ロシア語の頭文字をとったものです。TRIZはGenrikh Altshuller（ゲンリック・アルトシューラー、1926～1998年）が創始した、旧ソビエトにおいて門外不出であった理論です（図2.1）。

　生まれながらにして発明家でない人が、どのようにしたら優れた発明ができるのか。他の分野に能力向上の方法があるのだから、創造力を高める方法があるはずだと考えてアルトシュラー氏は研究を開始し、250万件ともいわれる特許を分析して、発明には法則性があることを発見しました。TRIZはその規則性を問題解決のために体系化して、誰でも使えるようにしたものです。日本には1996年に米国を経由して紹介されました。

　アルトシューラー氏が特許を分析することで見出したものは大きく2つに分類されます。1つめは、問題解決技法の共通性から見出した、40の発明原理とそれを活用するための工学的矛盾解決マトリックスです。2つめは、技術進化の普遍性から見いだされた技術システム進化の法則です。これらの情報を活用することによって、問題を足して2で割るような妥協した解決レベルではない解決策を創出しようという、科学的・工学的アプローチがTRIZ理論といわれるものです。発明的とは、妥協しないで確実に解決するという意味です。

　「今あなたが抱えている問題点の98％もしくは99％は、すでにどこかで誰かが類似する解決策を見いだしているのではないか。であるとすれば、それを問題解決の参考にしない手はないではないか」。言い換えると、今皆さんが抱えている技術問題は、人類にとって初めての試みなのだろうか。かつて誰も経験したことのない問題でないならば、過去にヒントになる解決事例があるのではないだろうか。ということです。

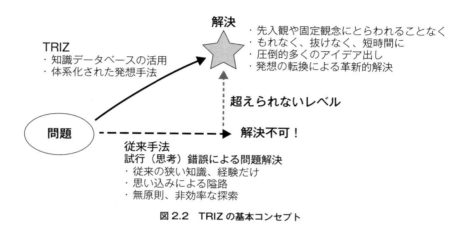

図2.1 TRIZの表記 [3)]

図2.2 TRIZの基本コンセプト

　これが、図2.2に示したTRIZ活用の意味するところの1つです。今まで誰もがまったく経験したことがないような問題でなければ、過去の解決策をヒントにすることができます。分野にとらわれず、過去の優秀な問題解決事例をヒントとしながらアナロジーすることによって、解決の糸口をいち早く見つけることができるのです。

　TRIZの活用は、先人から学びとることで創造時間の短縮化を図ることに直結し、創造能力の飛躍的向上への期待も狙えるということになります。

2.2 TRIZによる問題解決フロー

　TRIZが紹介された当初、実際の問題にうまく使うことが難しいという課題がありました。発明原理などの使い方を説明されて、そのようにやってもうまく解決できないというものです。それは、TRIZをどのように使うかの、正しい使い方が説明されていなかったためです。いきなりTRIZに入るのが間違いなのです。TRIZは簡単に問題を解決してくれる魔法ではありません、TRIZは手法です。ですから、TRIZをうまく使うためには使えるようにする準備が必要です。

　ではその準備とは何かというと、TRIZによる問題解決の前段階として、問題を起こして

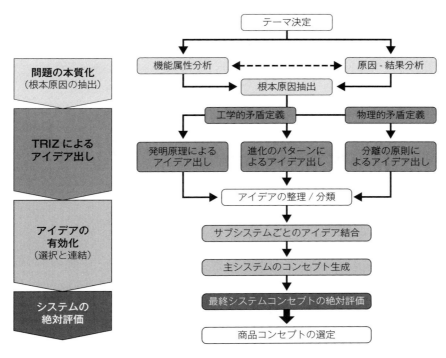

図 2.3　TRIZ による問題解決の流れ[5]

いる根本原因を見つけることが必要になるということです。図 2.3 に TRIZ による問題解決フローを示します。海外で日本式 TRIZ という呼ばれ方をしているやり方です。

　まず最初に行う必要があるのは、「原因－結果分析」と「機能－属性分析」によって、問題の原因を見つけることです。この 2 つの手法を用いて、対策すべき問題の本当の原因は何なのかを明らかにすることです。これによって、確実に根本原因が明らかになってきます。

　実は、問題解決においては、この問題把握こそが最も重要なところです。原因を曖昧にしたままであるとか、自分たちでできもしない原因の特定をしてもどうにもなりません。原因を曖昧にすると、後でいくら対策のアイデア出しをしても効果的な対策にならないのは、第 1 章で述べました。

　本当の原因が何であるのかを明らかにする、このようなプログラムによって確実に問題解決できるようになった実績から、このやり方が海外で日本式 TRIZ と呼ばれるようになっているわけです。これは取りも直さず、効果的な TRIZ プログラムであることが外国でも認められているということです。

Column 5　常識主義を打破する

　1991 年からフォルクスワーゲンのゴルフに搭載された、狭角 V 型 6 気筒エンジンがありました。前輪駆動でエンジンが横置きですから通常は 4 気筒ですが、それを多気筒化するのはやっ

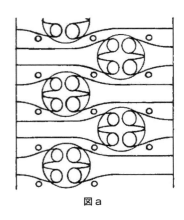
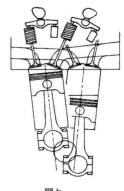

図a　　　　　　　図b

かいです。直列のままエンジンの長さが伸びると搭載できません。かといって、通常のＶ型エンジンを搭載したのでは前後長が問題になります。それを何とか6気筒を搭載したいために、Ｖの挟角を15度（後に10.5度）にして、Ｖ型6気筒を直列4.5気筒並の長さで実現したのです。Ｖ型ですがシリンダヘッドは1つで、片側から吸気し他側に排気できるため、吸排レイアウトは直列エンジンと同様ですみます（図a、図b）。

　2本のカムシャフトで左右気筒のバルブを駆動する設計や、片側各6本の吸排気ポートがボルトの間を縫うように巧みに配置された緻密な設計は賞賛されました。小型、軽量にできるため、フロントヘビーにならなくてすみます。8気筒以上も加えられ、パサートやトゥアレグなどにも搭載されました。しかし、クランク軸中心がシリンダ軸線と一致できない、吸排気ポートの長さが左右で異なる、スペースの少ないシリンダヘッドの冷却などの不利な点もあります。

　ダウンサイジングの流れで、現在は直列4気筒で過給したエンジンが搭載されていますが、狭角Ｖ型は常識主義でないエンジン設計でした。日本では採用されにくい設計と考えられました。

　戦後、日本に導入された品質管理は、品質管理をやらなければいけない、重要であると、トップが信じたところから始まったとされます。そしてメイドインジャパンは高品質であると評価されるようになりました。同様に技術開発に対しても、スタート時は後追いであっても、追い上げて追い越そうという積極性がありました。

　では現在はどうでしょうか。大胆な技術革新やワクワク感に導く新しいアイデアは拒否されて、常識的な方策だけを実施するのでは大きな効果は得られません。簡単でリスクがなく効果の大きなやり方などありません。このような過去の成功体験による常識主義に陥っていることがないか、自問自答が必要です。

　リスクや欠点は目につきやすいため、効果のあるアイデアが評価されにくい場合があります。そのため、TRIZプログラムではアイデア出しの後に評価、まとめを加えて、短期、中期、長期の技術コンセプトを示すことによって、判断をしやすくするようにしています。アイデアを出しっ放しにしたり、良いアイデアだけを選ぶようなことはしません。こうすることで、将来にわたっての確実な解決方向が見えるようになり、常識主義は打破できます。

　品質管理は、やると良くなるはずだと信じて推進されてきました。TRIZプログラムでは分野や規模を問わず、たくさんの成果事例があるわけで、「ヨソが成功しているならウチでもうまく行くはず」と信じる方が自然だと思います。

2.3 他分野の解決策を使う

　問題解決技法の共通性は、特許における問題が少数の発明原理を用いて解決されていることを指します。高いレベルの特許のほとんどが、「工学システムのある特性を改良しようとすると、その副作用により同じシステム内の別の特性が劣化してしまう（背反特性）」という工学的矛盾を解決しており、その解決策を一般化すると40の発明原理に集約されたというものです（表2.1）。

　これは、あらゆる分野の問題解決の考え方に共通性があり、それを帰納的にまとめたら40になったということです。ということは、どのような分野の技術的問題も40のやり方、考え方を適用すれば、必ず解決できるということです。それが発明原理というものです。ですから、発明原理に示された見方でアイデアを出せば、どのような問題も解決できるということになります。もちろん、サブ原理に示された考え方から、どのようにアナロジーして思考を膨らませ、アイデアにつなげるかは技術者の発想力、すなわち技術力ということです。

　誤解してはいけないのは、発明原理は単に40の項目が示されたチェックリストではないということです。順番に40の項目を当てはめてみる、そのような非効率な使い方をするものではありません。もちろん、チェックリストのように使ってはいけないわけでは決してありませんが、それは本来の使い方ではないということです。

　では、どのように発明原理を使うのかということですが、「あらゆる技術分野の問題解決の考え方に共通性がある」ということですから、その共通性を抜き出して自分の問題の解決に役立つ発明原理だけを使えるようにしようということです。

　それは、現在発生している問題についてどのように考えれば解決できるか、問題解決の考え方の方向をフォーカスして示してくれるものなのです。40の中から抜き出された発明原理によって、余計なことを考えることなく、効率的にアイデア出しができるというわけです。

　大事なことは、TRIZの考え方は、すでに問題解決している他の分野の解決のやり方を真似するのではなく、考え方を真似するのだということです。それは、技術分野が違えば具体的な解決の仕方は違ってくるのは当然だが、問題解決のための考え方は同じである。だから、解決したやり方でなく考え方を真似するのであれば、他の分野の解決法が使えるということなのです。

　かつてNHKに『プロジェクトX』という番組がありました。現在はその分野でトップとなっている企業が、当時はどのように苦労して問題をブレークスルーできるレベルで解決し、その成果がどのように現在につながっているのかを教えてくれる番組でした。そこでは、問題解決に悩んで散々手を尽くしてもうまく行かず、八方ふさがりで困りに困ったときに、ふとした気分転換で目に入った物や風景がヒントになってアイデアが浮かび、解決のきっかけになったという事例などが多く紹介されていました。直接には関係のない分野の事柄がヒントになったわけで、これはまさにやり方でなく考え方をヒントにしたと言えるものでした。

　『プロジェクトX』で紹介された例は、時間をかけてアイデア出しに苦しんで、それでも

表2.1　40の発明原理

番号	発明原理	サブ原理
1	分割原理	①物体を個々の部分に分割する ②物体を容易に分解できるようにする ③物体の分裂または分割の度合いを強める
2	分離原理	①物体の干渉部分または特性を分離する ②必要な部分、または特性だけを抽出する
3	局所性質原理	①物体の均質な構成（または外部環境、外部影響）を不均質なものに変更する ②物体の各部分を、その物体の動作に最適な条件下で機能するようにする ③物体の各部分が、それぞれ別の有用な機能を遂行できるようにする
4	非対称原理	①物体の対称な形を非対称に変更する ②物体が非対称である場合は、非対称の度合いを強める
5	組合せ原理	①同一のあるいは類似した物体をより密接にまとめる、または組み合わせる。同一のあるいは類似した物体を組み立てて並列動作を遂行するようにする ②作業を隣接または並行させる。同一時間内にまとめる
6	汎用性原理	①部品や物体に複数の機能を持たせ他の部品の必要をなくす
7	入れ子原理	①物体を別の物体の中に入れ、その物体をまた別の物体の中に入れる ②ある部品が別の部品の空洞中を通過するようにする
8	つりあい原理	①他の物体と組み合わせて持ち上げることで物体の重さを補正する ②空気力、流体の力、浮力、その他の力を利用するなどして、環境と相互作用させて、物体の重さを補正する
9	先取り反作用原理	①有用な効果と有害な影響を同時にもたらす動作を遂行する必要がある場合は、この動作を後で反作用に置き換えて、有害な影響を制御する ②物体中に予め応力を発生させておき、後に発生する不要な動作応力に対して対抗する
10	先取り作用原理	①物体に対して必要な変更の一部またはすべてを事前に行う ②最も便利な場所から動作を遂行できるように物体を予め準備して、動作の遂行に無駄な時間がかからないようにする
11	事前保護原理	①緊急手段を予め準備しておいて、物体の比較的低い信頼性を補正する
12	等ポテンシャル原理	①重力場中では、作業条件を変化させて物体を上下に移動させる必要性を除去する
13	逆発想原理	①物体を冷却する代わりに加熱するというように逆にする ②可動部分や外部環境を固定したり固定部分を可動する ③物体やプロセスを「逆さま」にする
14	曲面原理	①直線状の部品、表面、形を使用する代わりに、曲線状のものを使用する。平坦な表面を球面にする ②ローラ、球、螺旋、ドームを使用する ③直線運動を回転運動に変更し、遠心力を利用する
15	ダイナミック性原理	①物体の特性、外部環境、プロセスを変更して、あるいは変更するように設計して、最適にするかまたは最適の作業時用件を見出す ②互いに相対的に運動できるように物体を部分に分割する ③物体またはプロセスが不動あるいは不変である場合は、可動にするかまたは適応性を高くする
16	アバウト原理	①指定された解決法で100%の効果を獲得するのが困難な時は、同じ解決法でその程度を「もう少し小さく」または「もう少し大きく」する。これにより問題をかなり容易に解決できることがある
17	他次元移行原理	①物体を二次元または三次元空間内で移動する ②物体を単層でなく多層に配置する ③物体を傾けたり方向を変えたり、横向きに置いたりする ④指定された領域の「反対側」を利用する
18	機械的振動原理	①物体を振動させる ②振動数を超音波になる程度まで増大させる ③物体の共振振動を利用する ④機械的振動ではなく圧電振動を使用する ⑤超音波振動と電磁界振動を組み合わせて使用する
19	周期的作用原理	①連続的な動作の代わりに、周期的または脈動的動作を利用する ②動作がすでに周期的になっていれば、周期の程度や頻度を変更する ③インパルスの間の一時停止を利用して、別の動作を遂行する

番号	発明原理	サブ原理
20	連続性原理	①作業を連続的に遂行する。物体のすべての部分が常に最大負荷で動作するようにする ②遊休状態あるいは断続的な動作や作業をすべてなくす
21	高速実行原理	①破壊的、有害、あるいは危険な作業などのプロセスや段階を高速で実行する
22	災い転じて福となすの原理	①有害要因、特に環境や周囲条件の有害な影響を利用して、有益な効果を獲得する ②主な有害要因を別の有害要因に追加して相殺し、問題を解決する ③有害要因を、有害でなくなるまで増大させる
23	フィードバック原理	①前の状態を参照したり、クロスチェックするなどのフィードバックを導入して、プロセスや動作を改善する ②すでにフィードバックを利用している場合は、その程度や影響度を変更する
24	仲介原理	①中間のキャリア物質または中間プロセスを利用する ②ある物体を、簡単に除去できる他の物体と一時的に組み合わせる
25	セルフサービス原理	①補助的な支援機能を遂行して、物体がセルフサービスを行うようにする ②廃棄資源、廃棄エネルギー、廃棄物質を利用する
26	代替原理	①利用しにくく高価で壊れやすい物体の代わりに、単純で安価なコピーを利用する ②物体またはプロセスを、光学的にコピーしたものと置き換える ③可視光学的コピーがすでに使用されている場合は、赤外線または紫外線コピーを使用する
27	高価な長寿命より安価な短寿命の原理	①寿命などある属性を犠牲にして、高価な物体を多数の安価な物体に置き換える
28	機械的システム代替原理	①機械的手段を工学、音響、味覚、臭覚などの知覚手段に置き換える ②電界、磁界、電磁界を利用して物体と相互作用させる ③固定フィールドから可動フィールドに、構造化されていないフィールドから構造化フィールドに変更する ④強磁性体のように、フィールドによって活性化される粒子とフィールドを組み合わせて利用する
29	流体利用原理	①膨張、液体充填、エアクッション、静水圧、流体反応など、物体の個体部分でなく気体または液体部分を使用する
30	薄膜利用原理	①三次元構造の代わりに柔軟な殻や薄膜を利用する ②柔軟な殻や薄膜を利用して、物体を外部環境から分離する
31	多孔質利用原理	①物体を多孔質にする。あるいは多孔質要素を追加、挿入、コーティングする ②物体がすでに多孔質である場合は、細孔を使用して有用な物質や機能を導入する
32	変色利用原理	①物体の色や外部環境を変更する ②物体の透明度や外部環境を変更する
33	均質性原理	①物体を、同じ材料、または同一の特性を持つ材料の物体と相互作用させる
34	排除／再生原理	①機能を完了した物体の部分を溶融、蒸発などにより廃棄、排出する。または動作中にその部分を修正する ②その逆に、動作中に物体の消耗部分を直接回復させる
35	パラメータ変更原理	①気体、液体、固体といった物体の物理的状態を変更する ②濃度や柔軟性を変更する ③柔軟性の程度を変更する ④温度を変更する
36	相変化原理	①体積の変化、熱の損失や吸収など、相転移の間に発生する現象を利用する
37	熱膨張原理	①材料の熱膨張や熱収縮を利用する ②熱膨張を利用している場合は、熱膨張係数の異なる複数の材料を使用する
38	高濃度酸素利用原理	①通常の空気を高濃度の酸素を含んだ空気と入れ替える ②高濃度の酸素を含んだ空気を純粋な酸素と入れ替える ③空気や酸素に電離放射線を照射する ④オゾン化酸素を利用する ⑤オゾン化またはイオン化酸素をオゾンと入れ替える
39	不活性雰囲気利用原理	①通常の環境を不活性な環境と入れ替える ②中性な部品や不活性添加剤を物体に入れる
40	複合材料原理	①均一な材料を複合材料に変更する

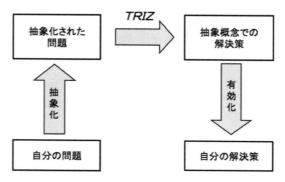

図 2.4　TRIZ の問題解決基本コンセプト

何とか解決のヒントが得られて運よくアイデアが出せたという成功例です。しかし、もっと効率よく確実に解決することができればどれだけ助かるでしょうか。それは、先人の問題解決の考え方をどのようにうまく使うかということに尽きます。それをまとめると、どのような問題であっても、解決のための考え方は 40 の発明原理の考え方でしかないというわけです。

　では、どのように発明原理を使うのでしょうか。分野に関わらず発明原理を使えるようにするために、TRIZ では自分の問題を一旦、一般化、抽象化します。この操作によって、TRIZ データベースに入ることができるわけです。TRIZ の問題解決基本コンセプトを図 2.4 に示します。

　問題を一般化、抽象化するために表 2.2 の 39 の特性パラメータが用意されています。これを適用して、改良する特性と悪化する特性に当てはめることで、表 2.3 の工学的矛盾解決マトリックスに入ることができるようになっています。

　工学的矛盾解決マトリックスとは、特許に現われるおのおのの工学的矛盾が、それぞれどの発明原理を用いて解決されているかを調査し、この作業において、工学的矛盾は縦横 39 のマトリックスにまとめられました。縦軸に示される「改良する特性」と横軸に示される「悪化する特性」により表わされる 39 の特性パラメータの交点には、工学的矛盾問題の解消に利用された発明原理がその頻度に従い最大 4 つまで記入されています。

　この工学的矛盾解決マトリックスを使えば、直面している問題の工学的矛盾を汎用パラメータの 1 つとして表現し、当てはめるだけで発明原理番号を読み取ることができます。その後は示された発明原理を基に、その問題を解決するために最も効果的と考えられる解決の思考をめぐらせていけば良いということです。発明原理でフォーカスされた方向の考え方に従ってアイデアを出していけば良いということです。

　このように、40 の発明原理と工学的矛盾解決マトリックスは誰にでもわかりやすく、これまでも多くの方に知られています。それもあってか、TRIZ とは発明原理を用いて解決する手法である、TRIZ イコール発明原理であるかのような誤解をされている場合もあります。

表 2.2　39 の特性パラメータ

移動物体：自力または外部からの力で空間内の位置を容易に変えられる物体		
静止物体：自力または外部からの力で空間内の位置を変えられない物体		
1 移動物体の重量	14 強度	27 信頼性
2 静止物体の重量	15 移動物体の動作時間	28 測定精度
3 移動物体の長さ	16 静止物体の動作時間	29 製造精度
4 静止物体の長さ	17 温度	30 物体が受ける有害要因
5 移動物体の面積	18 照度／輝度	31 物体が発する有害要因
6 静止物体の面積	19 移動物体のエネルギー消費	32 製造の容易性
7 移動物体の体積	20 静止物体のエネルギー消費	33 操作の容易性
8 静止物体の体積	21 出力	34 修理の容易性
9 速度	22 エネルギーの損失	35 適応性または融通性
10 力（強度）	23 物質の損失	36 装置の複雑度
11 応力または圧力	24 情報の損失	37 検出と測定の困難度
12 形状	25 時間の損失	38 自動化の度合い
13 物体の組成の安定性	26 物質の量	39 生産性

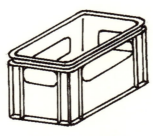

図 2.5　コンテナの図

2.4　失敗する TRIZ の使い方

　これまで一般に説明されている発明原理の使い方は、上記のようなものです。難しいものではありませんから、説明されれば誰でも使えそうです。それではここで実際にやってみましょういうことで、「工学システムのある特性を改良しようとすると、その副作用により同じシステム内の別の特性が劣化してしまう」背反特性となっている問題を解決したいと思います。

　たとえば、金属製でもプラスチック製でも構わないのですが、運搬などでものを収容するための容器が必要であったとします。バケツでも何でも構いませんが、一応、図 2.5 のようなコンテナとしましょうか。このコンテナの容量を、効率よく運搬するために増やしたいと思います。そうすると運搬する重量が増えますから、当然ながら容器の強度が必要になります。すると、強度を増すために容器の重量も大きくなってしまいます。運搬できる重量は総重量で決まりますから、容器が軽量であればその分、多くのものが運搬できます。当たり前のことですが、通常このように容器の強度を上げようとすると、重量が増してしまうとい

表 2.3　工学的矛盾解決マトリックス

改善するパラメータ ＼ 悪化するパラメータ	1 移動物体の重量	2 静止物体の重量	3 移動物体の長さ	4 静止物体の長さ	5 移動物体の面積	6 静止物体の面積	7 移動物体の体積	8 静止物体の体積
1 移動物体の重量			15 8 29 34		29 17 38 34		29 4 40 28	
2 静止物体の重量				10 1 29 35		35 30 13 2		5 35 14 2
3 移動物体の長さ	15 8 29 34				15 17 4		7 17 4 35	
4 静止物体の長さ		35 28 40 29				17 7 10 40		35 8 2 14
5 移動物体の面積	2 17 29 4		14 15 18 4				7 14 17 4	
6 静止物体の面積		30 2 14 18		26 7 9 39				
7 移動物体の体積	2 26 29 40		1 7 35 4		1 7 4 17			
8 静止物体の体積		35 10 19 14	19 14	35 8 2 14				
9 速度	2 28 13 38		13 14 8		29 30 34		7 29 34	
10 力・トルク	8 1 37 18	18 13 1 28	17 19 9 36	28 1	19 10 15	1 18 36 37	15 9 12 37	2 36 18 37
11 応力・圧力	10 36 37 40	13 29 10 18	35 10 36	35 1 14 16	10 15 36 28	10 15 36 37	6 35 10	35 34
12 形状	8 10 29 40	15 10 26 3	29 34 5 4	13 14 10 7	5 34 4 10		14 4 15 22	7 2 35
13 物体の組成の安定性	21 35 2 39	26 39 1 40	13 15 1 28	37	2 11 13	39	28 10 19 39	34 28 35 40
14 強度	1 8 40 15	40 26 27 1	1 15 8 35	15 14 28 26	3 34 40 29	9 40 28	10 15 14 7	9 14 17 15
15 移動物体の動作時間	18 5 34 31		2 19 9		3 17 19		10 2 19 30	
16 静止物体の動作時間		6 27 19 16		1 40 35			35 34 38	
17 温度	36 22 6 38	22 35 32	15 19 9	15 19 9	3 35 39 18	35 38	34 39 40 18	35 6 4
18 照度／輝度	19 1 32	2 35 32	19 32 16		19 32 26		2 13 10	
19 移動物体の消費エネルギー	12 18 28 31		12 28		15 19 25		35 13 18	
20 静止物体の消費エネルギー		19 9 6 27						
21 出力	8 36 38 31	19 26 17 27	1 10 35 37		19 38	17 32 13 38	35 6 38	30 6 25
22 エネルギーの損失	15 6 19 28	19 6 18 9	7 2 6 13	6 38 7	15 26 17 30	17 7 30 18	7 18 23	7
23 物質の損失	35 6 23 40	35 6 22 32	14 29 10 39	10 28 24	35 2 10 31	10 18 39 31	1 29 30 36	3 39 18 31
24 情報の損失	10 24 35	10 35 5	1 26	26	30 26	30 16		2 22
25 時間の損失	10 20 37 35	10 20 26 5	15 2 29	30 24 14 5	26 4 5 16	10 35 17 4	2 5 34 10	35 16 32 18
26 物質の量	35 6 18 31	27 26 18 35	29 14 35 18		15 14 29	2 18 40 4	15 20 29	
27 信頼性	3 8 10 40	3 10 8 28	15 9 14 4	15 29 28 11	17 10 14 16	32 35 40 4	3 10 14 24	2 35 24
28 測定精度	32 35 26 28	28 35 25 26	28 26 5 16	32 28 3 16	26 28 32 3	26 28 32 3	32 13 6	
29 製造精度	28 32 16 18	28 35 27 9	10 28 29 37	2 32 10	28 33 29 32	2 29 18 36	32 28 2	25 10 35
30 物体が受ける有害要因	22 21 27 39	2 22 13 24	17 1 39 4	1 18	22 1 33 28	27 2 39 35	22 23 37 35	34 39 19 27
31 物体が発する有害要因	19 22 15 39	35 22 1 39	17 15 16 22		17 2 18 39	22 1 40	17 2 40	30 18 35 4
32 製造の容易性	28 29 15 16	1 27 36 13	1 29 13 17	15 17 27	13 1 26 12	16 40	13 29 1 40	5
33 操作の容易性	25 2 13 15	6 13 1 25	1 17 13 12		1 17 13 16	18 16 15 39	1 16 35 15	4 18 31 39
34 修理の容易性	2 27 35 11	2 27 35 11	1 28 10 25	3 18 31	15 32 13	16 25	25 2 35 11	1
35 適応性または融通性	1 6 15 8	19 15 29 16	35 1 29 2	1 35 16	35 30 29 7	15 16	15 35 29	
36 装置の複雑度	26 30 34 36	2 26 35 39	1 19 26 24	26	14 1 13 16	6 36	4 26 6	10 16
37 検出と測定の困難度	27 26 28 13	6 13 28 1	16 17 26 24	26	2 13 18 17	2 39 30 16	29 1 4 16	2 18 26 31
38 自動化の度合い	28 26 18 35	28 26 35 10	14 13 28 17	23	17 14 13		35 13 16	
39 生産性	35 26 24 37	28 27 15 3	18 4 28 38	30 7 14 26	10 26 34 31	10 35 17 7	2 6 3 10	5 37 10 2

9 速度	**10** 力	**11** 応力または圧力	**12** 形状	**13** 物体の組成の安定性	**14** 強度	**15** 移動物体の動作時間	**16** 静止物体の動作時間	**17** 温度	**18** 照度／輝度	**19** 移動物体の使用エネルギー	**20** 静止物体の使用エネルギー
2 8 15 38	8 10 18 37	10 36 37 40	10 14 35 40	1 35 19 39	28 27 18 40	5 34 31 35		6 29 4 38	19 1 32	35 12 34 31	
	8 10 19 35	13 29 10 18	13 10 29 14	26 39 1 40	28 2 10 27		2 27 19 6	28 19 32 22	35 19 32		18 19 28 1
13 4 8	17 10 4	1 8 35	1 8 10 29	1 8 15 34	8 35 29 34	19		10 15 19	32	8 35 24	
	28 10	1 14 35	13 14 15 7	39 37 35	15 14 28 26		1 40 35	3 35 38 18	3 25		
29 30 4 34	19 30 35 2	10 15 36 28	5 34 29 4	11 2 13 39	3 15 40 14	6 3		2 15 16	15 32 19 13	19 32	
	1 18 35 36	10 15 36 37		2 38	40		2 10 19 30	35 39 38			
29 4 38 34	15 35 36 37	6 35 36 37	1 15 29 4	28 10 1 39	9 14 15 7	6 35 4		34 39 10 18	10 13 2	35	
	2 18 37	24 35	7 2 35	34 28 35 40	9 14 17 15		35 34 38	35 6 4			
	13 28 15 19	6 18 38 40	35 15 18 34	28 33 1 18	8 3 26 14	3 19 35 5		28 30 36 2	10 13 19	8 15 35 38	
13 28 15 12		18 21 11	10 35 40 34	35 10 21	35 10 14 27	19 2		35 10 21		19 17 10	1 16 36 37
6 35 36	36 35 21		35 4 15 10	35 33 2 40	9 18 3 40	19 3 27		35 39 19 2		14 24 10 37	
35 15 34 18	35 10 37 40	34 15 10 14		33 1 18 4	30 14 10 40	14 26 9 25		22 14 19 32	13 15 32	2 6 34 14	
33 15 28 18	10 35 21 16	2 35 40	22 1 18 4		17 9 15	13 27 10 35	39 3 35 23	35 1 32	32 3 27 15	13 19	27 4 29 18
8 13 26 14	10 18 3 14	10 3 18 40	10 30 35 40	13 17 35		27 3 26		30 10 40	35 19	19 35 10	35
3 35 5	19 2 16	19 3 27	14 26 28 25	13 3 35	27 3 10			19 35 39	2 19 4 35	28 6 35 18	
				39 3 35 23				19 18 36 40			
2 28 36 30	35 10 3 21	35 39 19 2	14 22 19 32	1 35 32	10 30 22 40	19 13 39	19 18 36 40		32 30 21 16	19 15 3 17	
10 13 19	26 19 6		32 30	32 3 27	35 19	2 19 6		32 35 19		32 1 19	32 35 1 15
8 15 35	16 26 21 2	23 14 25	12 2 29	19 13 17 24	5 19 9 35	28 35 6 18		19 24 3 14	2 15 19		
	36 37			27 4 29 18 35					19 2 35 32		
15 35 2	26 2 36 35	22 10 35	29 14 2 40	35 32 15 31	26 10 28	19 35 10 38	16	2 14 17 25	16 6 19	16 6 19 37	
16 35 38	36 38			14 2 39 6	26			19 38 7	1 13 32 15		
10 13 28 38	14 15 18 40	3 36 37 10	29 35 3 5	2 14 30 40	35 28 31 40	28 27 3 18	27 16 18 38	21 36 39 31	1 6 13	35 18 24 5	28 27 12 31
26 32						10	10		19		
	10 37 36 5	37 36 4	4 10 34 17	35 3 22 5	29 3 28 18	20 10 28 18	28 20 10 16	35 29 21 18	1 19 21 17	35 38 19 18	1
35 29 34 28	35 14 3	10 36 14 3	35 14	15 2 17 40	14 35 34 10	3 35 10 40	3 35 31	3 17 39		34 29 16 18	3 35 31
21 35 11 28	8 28 10 3	10 24 35 19	35 1 16 11		11 28	2 35 3 25	34 27 6 40	3 35 10	11 32 13	21 11 27 19	36 23
28 13 32 24	32 2	6 28 32	6 28 32	32 35 13	28 6 32	28 6 32	10 26 24	6 19 28 24	6 1 32	3 6 32	
10 28 32	28 19 34 36	3 35	32 30 40	30 18	3 27	3 27 40		19 26	3 32	32 2	
21 22 35 28	13 35 39 18	22 2 37	22 1 3 35	35 24 30 18	18 35 37 1	22 15 33 28	17 1 40 33	22 33 35 2	1 19 32 13	1 24 6 27	10 2 22 37
5 28 3 23	5 28 1 40	2 33 27 18	35 1		35 40 27 39	15 35 22 2	15 22 33 31	21 39 16 22	22 35 2 24	2 35 6	19 22 18
35 13 8 1	5 12	35 19 1 37	1 28 13 27	11 13 1	1 3 10 32	27 1 4	35 16	27 26 18	28 24 27 1	28 26 27 1	1 4
18 13 34	28 13 35	2 32 12	15 34 29 28	32 35 30	32 40 3 28	29 3 8 25	1 16 25	26 27 13	13 17 1 24	1 13 24	
34 9	1 11 10	13	1 13 2 4	2 35	1 11 2 9	11 29 28 27	1	4 10	15 1 13	15 1 28 16	
35 10 14	15 17 2	35 16	15 37 1 8	35 30 14	35 3 32 6	13 1 35	2 16	27 2 3 35	6 22 26 1	19 35 29 13	
4 10 28	26 16	19 1 35	29 13 28 15	2 22 17 19	2 13 28	10 4 28 15		2 17 13	24 17 13	27 2 29 28	
3 4 16 35	6 28 40 19	35 36 37 32	27 13 1 39	11 22 39 30	27 3 15 28	19 29 39 25	25 34 6 35	3 27 35 16	2 24 26	35 38	19 35 16
28 10	2 35	13 35	15 32 1 13	18 1	25 13	6 9		26 2 19	8 32 19	2 32 13	
	28 15 10 36	10 37 14	14 10 34 40	35 3 22 39	29 28 10 18	35 10 2 18	20 10 16 38	35 21 28 10	26 17 19 1	35 10 38 19	1

27

改善するパラメータ ＼ 悪化するパラメータ	21 パワー	22 エネルギーの損失	23 物質の損失	24 情報の損失	25 時間の損失	26 物質の量	27 信頼性	28 測定の正確さ
1 移動物体の重量	12 36 18 31	6 2 34 19	5 35 3 31	10 24 35	10 35 20 28	3 26 18 31	3 11 1 27	28 27 35 26
2 静止物体の重量	15 19 18 22	18 19 28 15	5 8 13 30	10 15 35	10 20 35 26	19 6 18 26	10 28 8 3	18 26 28
3 移動物体の長さ	1 35	7 2 35 39	4 29 23 10	1 24	15 2 29	29 35	10 14 29 40	28 32 4
4 静止物体の長さ	12 8	6 28	10 28 24 35	24 26	30 29 14		15 29 28	32 28 3
5 移動物体の面積	19 10 32 18	15 17 30 26	10 35 2 39	30 26	26 4	29 30 6 13	29 9	26 28 32 3
6 静止物体の面積	17 32	17 7 30	10 14 18 39	30 16	10 35 4 18	2 18 40 4	32 35 40 4	26 28 32 3
7 移動物体の体積	35 6 13 18	7 15 13 16	36 39 34 10	2 22	2 6 34 10	29 30 7	14 1 40 11	25 26 28
8 静止物体の体積	30 6		10 39 35 34		35 16 32 18	35 3	2 35 16	
9 速度	19 35 38 2	14 20 19 35	10 13 28 38	13 26		10 19 29 38	11 35 27 28	28 32 1 24
10 力・トルク	19 35 18 37	14 15	8 35 40 5		10 37 36	14 29 18 36	3 35 13 21	35 10 23 24
11 応力・圧力	10 35 14	2 36 25	10 36 37		37 36 4	10 14 36	10 13 19 35	6 28 25
12 形状	4 6 2	14	35 29 3 5		14 10 34 17	36 22	10 40 16	28 32 1
13 物体の組成の安定性	32 35 27 31	14 2 39 6	2 14 30 40		35 27	15 32 35		13
14 強度	10 26 35 28	35	35 28 31 40		29 3 28 10	29 10 27	11 3	3 27 16
15 移動物体の動作時間	19 10 35 38		28 27 3 18	10	20 10 28 38	3 35 10 40	11 2 13	3
16 静止物体の動作時間	16		27 16 18 38	10	28 20 10 16	3 35 31	34 27 6 40	10 26 24
17 温度	2 14 17 25	21 17 35 38	21 36 29 31		35 28 21 18	3 17 30 39	19 35 3 10	32 19 24
18 照度／輝度	32	19 16 1 6	13 1	1 6	19 1 26 17	1 19		11 15 32
19 移動物体の消費エネルギー	6 19 37 18	12 22 15 24	35 24 18 5		35 38 19 18	34 23 16 18	19 21 11 27	3 1 32
20 静止物体の消費エネルギー			28 27 18 31			3 35 31	10 36 23	
21 出力		10 35 38	28 27 18 38	10 19	35 20 10 6	4 34 19	19 24 26 31	32 15 2
22 エネルギーの損失	3 38		35 27 2 37	19 10	10 18 32 7	7 18 25	11 10 35	32
23 物質の損失	28 27 18 38	35 27 2 31			15 18 35 10	6 3 10 24	10 29 39 35	16 34 31 28
24 情報の損失	10 19	19 10			24 26 28 32	24 28 35	10 28 23	
25 時間の損失	35 20 10 6	10 5 18 32	35 18 10 39	24 26 28 32		35 38 18 16	10 30 4	24 34 28 32
26 物質の量	35	7 18 25	6 3 10 24	24 28 35	35 38 18 16		18 3 28 40	3 2 28
27 信頼性	21 11 26 31	10 11 35	10 35 29 39	10 28	10 30 4	21 28 40 3		32 3 11 23
28 測定精度	3 6 32	26 32 27	10 16 31 28		24 34 28 32	2 6 32	5 11 1 23	
29 製造精度	32 2	13 32 2	35 31 10 24		32 26 28 18	32 30	11 32 1	
30 物体が受ける有害要因	19 22 31 2	21 22 35 2	33 22 19 40	22 10 2	35 18 34	35 33 29 31	27 24 2 40	28 33 23 26
31 物体が発する有害要因	2 35 18	21 35 22 2	10 1 34	10 21 29	1 22	3 24 39 1	24 2 40 39	3 33 26
32 製造の容易性	27 1 12 24	19 35	15 34 33	32 24 18 16	35 28 34 4	35 23 1 24		1 35 12 18
33 操作の容易性	35 34 2 10	2 19 13	28 32 2 24	4 10 27 22	4 28 10 34	12 35	17 27 8 40	25 13 2 34
34 修理の容易性	15 10 32 2	15 1 32 19	2 35 34 27		32 1 10 25	2 28 10 25	11 10 1 16	10 2 13
35 適応性または融通性	19 1 29	18 15 1	15 10 2 13		35 28	3 35 15	35 13 8 24	35 5 1 10
36 装置の複雑度	20 19 30 34	10 35 13 2	35 10 28 29		6 29	13 3 27 10	13 35 1	2 26 10 34
37 検出と測定の困難度	19 1 16 10	35 3 15 19	1 18 10 24	35 33 27 22	18 28 32 9	3 27 29 18	27 40 28 8	26 24 32 28
38 自動化の度合い	28 2 27	23 28	35 10 18 5	35 33	24 28 35 30	35 13	11 27 32	28 26 10 34
39 生産性	35 20 10	28 10 29 35	28 10 35 23	13 15 23		35 38	1 35 10 38	1 10 34 28

29 製造精度	**30** 物体が受ける有害要因	**31** 物体が発する有害要因	**32** 製造の容易さ	**33** 操作の容易さ	**34** 修理の容易さ	**35** 適応性または融通性	**36** 装置の複雑さ	**37** 検出と測定の困難さ	**38** 自動化の度合い	**39** 生産性
28 35 26 18	22 21 18 27	22 35 31 39	27 28 1 36	35 3 2 24	2 27 28 11	29 5 15 8	26 30 36 34	28 29 26 32	26 35 18 19	35 3 24 37
10 1 35 17	2 19 22 37	35 22 1 39	28 1 9	6 13 1 32	2 27 28 11	19 15 29	1 10 26 39	25 28 17 15	2 26 35	1 28 15 35
10 28 29 37	1 15 17 24	17 15	1 29 17	15 29 35 4	1 28 10	14 15 1 16	1 19 26 24	35 1 26 24	17 24 26 16	14 4 28 29
2 32 10	1 18		15 17 27	2 25	3	1 35	1 26	26		30 14 7 26
2 32	22 33 28 1	17 2 18 39	13 1 26 24	15 17 13 16	15 13 10 1	15 30	14 1 13	2 36 26 18	14 30 28 23	10 26 34 2
2 29 18 36	27 2 39 35	22 1 40	40 16	16 4	16	15 16	1 18 36	2 35 30 18	23	10 15 17 7
25 28 2 16	22 21 27 35	17 2 40 1	29 1 40	15 13 30 12	10	15 29	26 1	29 26 4	35 34 16 24	10 6 2 34
35 10 25	34 39 19 27	30 18 35 4	35		1		1 31	2 17 26		35 37 10 2
10 28 32 25	1 28 35 23	2 24 32 21	35 13 8 1	32 28 13 12	34 2 28 27	15 10 26	10 28 4 34	3 34 27 16	10 18	
28 29 37 36	1 35 40 18	13 3 36 24	15 37 18 1	1 28 3 25	15 1 11	15 17 18 20	26 35 10 18	36 37 10 19	2 35	3 28 35 37
3 35	22 2 37	2 33 27 17	1 35 16	11	2	35	19 1 35	2 36 37	35 24	10 14 35 37
32 30 40	22 1 2 35	35 1	1 32 17 28	32 15 26	2 13 1	1 15 29	16 29 1 28	15 13 39	15 1 32	17 26 34 10
18	35 23 18 30	35 40 27 39	35 19	32 35 30	2 35 10 16	35 30 34 2	3 35 22 26	35 22 39 23	1 8 35	23 35 40 3
3 27	18 35 37 1	15 35 22 2	11 3 10 32	32 40 28 2	27 11 3	15 3 32	2 13 28	27 3 15 40	15	29 35 10 14
3 27 16 40	22 15 33 28	21 39 16 22	27 1 4	12 27	29 10 27	1 35 13	10 4 29 15	19 29 39 35	6 10	35 17 14 19
	17 1 40 33	22	35 10	1	1	2		25 34 6 35	1	20 10 16 38
24	22 33 35 2	22 35 2 24	26 27	26 27	4 10 16	2 18 27	2 17 16	3 27 35 31	23 2 19 16	15 28 35
3 32	15 19	35 19 32 39	19 35 28 26	28 26 19	15 17 13 16	15 1 19	6 32 13	32 15	2 26 10	2 25 16
	1 35 6 27	2 35 6	28 26 30	19 35	1 15 17 28	15 17 13 16	2 29 27 28	35 38	32 2	12 28 35
	10 2 22 37	19 22 18	1 4					19 35 16 25		1 6
32 2	19 22 31 2	2 35 18	26 10 34	26 35 10	35 2 10 34	19 17 34	20 19 30 34	19 35 16	28 2 17	28 35 34
	21 22 35 2	21 35 2 22		35 32 1	2 19		7 23	35 3 15 23	2	28 10 29 35
35 10 24 31	33 22 30 40	10 01 34 29	15 34 33	32 28 2 24	2 35 34 27	15 10 2	35 10 28 24	35 18 10 13	35 10 18	28 35 10 23
	22 10 01	10 21 22	32	27 22				35 33	35	13 23 15
24 26 28 18	35 18 34	35 22 18 39	35 28 34 4	4 28 10 34	32 1 10	35 28	6 29	18 28 32 10	24 28 35 30	
33 30	35 33 29 31	3 35 40 39	29 1 35 27	35 29 10 25	2 32 10 25	15 3 29	3 13 27 10	3 27 29 18	8 35	13 29 3 27
11 32 1	27 35 2 40	35 2 40 26		27 17 40	1 11	13 35 8 24	13 35 1	27 40 28	11 13 27	1 35 29 38
	28 24 22 26	3 33 39 10	6 35 25 18	1 13 17 34	1 32 13 11	13 35 2	27 35 10 34	26 24 32 28	28 2 10 34	10 34 28 32
	29 28 10 36	4 17 34 26		1 32 35 23	25 10		26 2 18		26 28 18 23	10 18 32 39
26 28 10 18			24 35 2	2 25 28 39	35 10 2	35 11 22 31	22 19 29 40	22 19 29 40	33 3 34	22 35 13 24
4 17 24 26						19 1 31	2 21 27 1	2		22 35 18 39
	24 2			2 5 13 16	35 1 11 9	2 13 15	27 26 1	6 28 11 1	8 28 1	35 1 10 28
1 32 35 23	2 25 28 39		2 5 12		12 26 1 32	15 34 1 16	32 26 12 17		1 34 12 3	15 1 28
25 10	35 10 2 16		1 35 11 10	1 12 26 15		7 1 4 16	35 1 13 11		34 35 7 13	1 32 10
	35 11 32 31		1 13 31	15 34 1 16	1 16 7 4		15 29 37 28	1	27 34 35	35 28 6 37
26 24 32	22 19 29 40	19 1	27 26 1 13	27 9 26 24	1 13	29 15 28 37		15 10 37 28	15 1 24	12 17 28
	22 19 29 28	2 21	5 28 11 29	2 5	12 26	1 15	15 10 37 28		34 21	35 18
28 26 18 23	2 33	2	1 26 13	1 12 34 3	1 35 13	27 4 1 35	15 24 10	34 27 25		5 12 35 26
32 1 18 10	22 35 13 24	35 22 18 39	35 28 2 24	1 28 7 19	1 32 10 25	1 35 28 37	12 17 28 24	35 18 27 2	5 12 35 26	

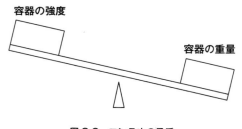

図 2.6　コンテナの矛盾

う場合があります。

　このような問題があったとき、これは強度と重量に関する背反特性ですから、工学的矛盾の問題であると考えられます。そこで、工学的矛盾解決マトリックスを適用するとどうなるでしょうか。目的は容器に多くのものを入れて運ぶことです。運搬するものの重量で容器が壊れないことが必要ですから、改善したいことは「容器の強度」と考えられます（図 2.6）。そして悪化することは、「容器の重量」が増すことです。

　そこで、改善する特性パラメータに「14 強度」を選びます。そして、悪化することは重量増加ですから、「1 移動物体の重量」を選びます。そうして、マトリックスの交点から発明原理を抽出すると、「01 分割原理」、「08 つりあい原理」、「40 複合材料原理」、「15 ダイナミック性原理」が抽出されました（図 2.7）。

　どうでしょう。何となくそれらしい感じがする発明原理が抽出されたように思いませんか。そこで、これから解決アイデアを出します。すると、分割原理からのアイデアとして容器を組み立て式にするとか、つりあい原理からは空気より軽量な気体を詰めた袋を取り付けておくなどのアイデアが考えられます。タイヤメーカーのキャラクターのミシュランマンのイメージでしょうか。また、ダイナミック性原理からは部分的な変形や折り曲げなどを考えてみるとか、複合材料原理からは強度のある樹脂材料に変更するなどが考えられるでしょうか。

　なるほどそうか、そういわれればそういうやり方もありそうな…と納得していただければ成功です。そして、このようなやり方が発明原理を使うときのやり方であると説明している場合が多くあります。

　しかしながら、この説明は間違っています。これは単に、マトリックス表の使い方を説明しているだけなのです。この説明を聞いて納得できたとしても、では実際に問題解決に効果的に使えるのかというと、残念ながら使えません。なぜか。それは、何が問題なのかをきちっと明確にしていないからなのです。どのような設計をしたから重量が増加したのかを考えず、ただ重量が増加したという表面的にしか問題を見ていないからなのです。ですから、このレベルで問題を考えると、工学的矛盾の設定も漠然としたものになってしまいます。その結果、得られた発明原理も曖昧なものになってしまって、有効なアイデアにつながってこなくなるというわけです。

改善するパラメータ ＼ 悪化するパラメータ	1 移動物体の重量				2 静止物体の重量			
1 移動物体の重量								
2 静止物体の重量								
3 移動物体の長さ	15	8	29	34				
4 静止物体の長さ					35	28	40	29
5 移動物体の面積	2	17	29	4				
6 静止物体の面積					30	2	14	18
7 移動物体の体積	2	26	29	40				
8 静止物体の体積					35	10	19	14
9 速度	2	28	13	38				
10 力・トルク	8	1	37	18	18	13	1	28
11 応力・圧力	10	36	37	40	13	29	10	18
12 形状	8	10	29	40	15	10	26	3
13 物体の組成の安定性	21	35	2	39	26	39	1	40
14 強度	1	8	40	15	40	26	27	1
15 移動物体の動作時間	18	5	34	31				
16 静止物体の動作時間					6	27	19	16

1：分割原理
8：つりあい原理
40：複合材料原理
15：ダイナミック性原理

図2.7　マトリックスの一部

　この例の問題では、そもそも設計者は発明原理に示されたような見方は言われなくてもわかっていることです。その上で、強度と軽量化を得るために自社にとって最も効果的なやり方はどうであるかを考慮して設計しているわけです。発明原理で示されたからといって、容器を組み立て式にするといっても漠然としていて、どのような考え方で組み立て式の設計をすれば軽量化につながるかが具体的ではありません。軽量な気体の袋を安全に取り付けるといっても漠然としているし、それによる体積の増加も予想されます。また、どのように変形や折り曲げを考えた設計をすれば軽量化できるでしょうか。そして、強度のある材料の使用を考えると言われても、それで大幅にコストが上がっては意味がありません。

　ここまででもうおわかりだと思いますが、「容器の強度を上げようとしたら、重量が重くなった」という表面的な見方で工学的矛盾を設定するのが間違いなのです。設計者は発明原理で示されたような条件を頭に入れた上で、現状の最良と思える設計をしているのです。それでも結果として重量が増えてしまっているわけです。それは設計者のレベルが低いからということでは決してなく、そのような設計をせざるを得なかったからに外なりません。制約のある中で、設計者は現状ベストな設計をしたと思っています。ですから、そのような設計をせざるを得なかったのはなぜかを考えることが必要です。そのような設計をしている原因があるはずですから、そこに対策すれば問題は解決できることになります。それが確実に問題解決できる正しい工学的矛盾の設定であるわけなのです。すなわち、正しい根本原因の抽出ということです。

ところが、このように何について解決すれば良いのかを明確にしないまま、問題の結果だけを見て TRIZ に入ってしまう人がいます。すると、「何だ… TRIZ なんて使えないじゃないか！」ということになってしまうのです。これは TRIZ が悪いわけではありません。TRIZ は魔法ではありませんから、表面的な見方から自動的に個別の答えは出てきません。TRIZ という手法を、正しく理解して使わない、使い方が問題なのです。

　重要なので繰り返しますが、このように漠然とした問題レベルで工学的矛盾を設定することが間違っているということです。これでは現実に困っている問題の解決に効果的に寄与できないのです。しかし、残念ながらまだこのような表面的な見方で TRIZ とは…と説明している場合があります。このような説明をされたのでは、実際の問題解決には使えません。ですから、先に説明した日本式 TRIZ フローでは、正しく問題原因を抽出することを TRIZ の前工程として行っているわけです。そして、そのために「原因－結果分析」と「機能－属性分析」を用いるのです。

Column 6　技術進化を予測して先行する

　スノーモービルという乗り物をご存知でしょうか。雪の降らない地域では縁のない乗り物ですから、実際に乗った経験はおろか実物を見たことない方も多いと思います。なかには写真などではご覧になった方はいらっしゃると思いますが、跨座式のシートを備えて、エンジンで後方の無限軌道履帯（トラックベルト）を駆動し、前方のスキーをバーハンドルで操作する、雪や氷上での乗り物です（図 a）。荷物の搬送や救護、管理など業務用から、レジャー、スポーツ用途へと幅広い商品があります。1989 年に女優の和泉雅子さんが日本人女性として初めて北極点に到達したときの、冒険の際に使われました。カナダなどのメーカーがありますが、日本にはエンジンと車両とを完成車として一体生産する唯一のメーカーがあります。日本メーカーが商品として製造、販売を始めて半世紀が経ちます。

　低温の環境下で使用されるものですから、かつては 2 サイクルエンジンが使われていました。4 サイクルでは低温でオイルが固体状に固まって潤滑できないので、2 サイクルしか使えないと考えられていたものです。また、エンジンは冷却水が凍る心配のない空冷で、バッテリは低温で電圧降下するので始動はロープを引っ張って始動するリコイル式でした。

　現在は水冷で 4 サイクルのものが主流となり、セルスタータ式が一般となっています。技術の進化に感心させられますが、それを可能にする部品技術が進化しているからに他なりません。たとえば、潤滑オイルは以前の鉱油ではなく、低温でも流動性を維持できる合成油です。石油をガス化して、それを原料に潤滑油に適する化学構造のものに作り変えるもので、鉱油では得られない特性を持っています。ハンドルで操作するスキーもかつては板金製でしたが、現在は樹脂スキーとなって中空成形のものもあり、フローティング性能や旋回性能が大きく向上しています。

　商品の進化は、材料や製法など部品技術や製造技術の進化に支えられているわけですが、上記の進化事例は、TRIZ における技術進化パターンに示されているものです。スノーモービルの開発が TRIZ を知っていたわけではなく、また、部品メーカーがスノーモービルのために技

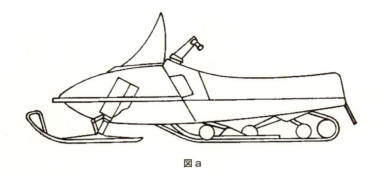

図a

術開発してくれたわけでもないのですが、結果的にTRIZの技術進化に示されているように進化しているわけです。こうしてみると、技術進化パターンはあらゆる技術について、重要な先見的指標を示してくれています。TRIZが技術的な先手を取るために有用なことは申すまでもありません。

　自動車に代表されるように、モジュール化やコンカレント開発など、開発に対する考え方が以前と違ってきていますから、部品メーカーは機能やコストを含めて先に提案できることが求められています。そのために客先メーカーに先駆けた技術提案が必要です。しかも、新しい技術が開発できると、新しい顧客を開拓できるチャンスが増えますから効果は大きいわけです。

　規模に関係なく自社の商品や技術が世界一であるといえるために、先を読んだ技術開発が必要です。そのために、TRIZで示されている技術システム進化パターンが使えます。

　技術システム進化の法則性は、TRIZにしかないものです。将来の解決方向を多くの事例を含めて示してくれています。使わない手はありません。

2.5　アイデア出しの鉄則

　根本原因が正しく特定できたら、先の説明にあったようなやり方で、39のパラメータを用いて工学的矛盾解決マトリックスから発明原理を選びます。後は発明原理に示された見方、考え方によってアイデアを出していけばよいわけです。

　しかし、発明原理に示されたサブ原理を参考にアイデア出しをするにしても、慣れないと難しく感じるかも知れません。どのようにアイデアを出すかについて、やり方をきちんと教えられていない場合も多くあるのです。

　アイデア出しにおいて重要なことは、アイデアのレベルを考えることなく、とにかく多く出すことです。今更何をわかり切ったことをいうかと思うかも知れませんが、では、これまでどのようなアイデア出しのやり方をしているでしょうか。

　多くの場合、アイデアを出しては次にそのアイデアを評価し、このアイデアではまだダメだとわかると、また次のアイデアを出そうというやり方をしています。このやり方を筆者は一本釣り法と呼んでいます。釣り上げるごとに大きいかどうかを見て、ダメだとなるとまた釣り糸を垂らしてアイデアを求めるというやり方です。しかし、このやり方をするとじきに

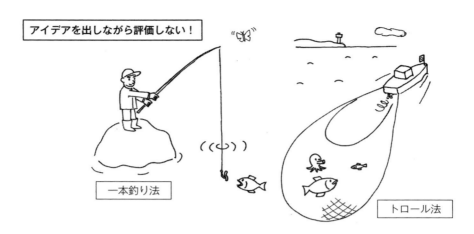

図2.8 アイデア出しの2つのやり方

アイデアは出なくなります。図2.8の左側です。

　アイデアを出すときには、アイデアのレベルにこだわることなく、どんなアイデアでも構わないので、とにかく出すことだけに徹することです。これを筆者はトロール法と呼んでいます。図2.8の右側です。どのようなアイデアが出せたか、アイデアの評価は後でゆっくりやれば良いのです。アイデアを出すときには、自分のアイデアも他人のアイデアも一切評価することなく、批判厳禁でとにかく出すことに専念することが必要です。これはアイデア出しにおける鉄則なのです。

　とはいっても、アイデアが出るとどうしても頭の中ですぐに評価してしまいがちです。これは人間の優れた能力なのだと思いますが、それをなるべく抑えることが大切なのです。そのようなやり方に慣れてしまうことです。それには図2.9に示したように、アイデアのレベルにしきい値を設けず、まずはつまらないと思えるようなアイデアをあえて出してみることです。それを「いいね！」と肯定してもらえる（＋）と気分が良くなります（＋）から、ではもっとアイデアを出そう（＋）と思うようになります。このようにして、最初のアイデアがトリガーとなって、楽しみながらアイデアが出せるようになります。このように進めることで、自己強化的性質（Reinforce）を持った拡張型フィードバックループとなり、どんどんアイデアが出せていけるわけです。他人のアイデアにも「いいね！」を発することで、グループでのアイデア出しが、ワイワイガヤガヤと意欲的に行えるようになります。

　つまらないアイデアとは失礼ですが、これは最初から良いアイデアなど出せる可能性は低いですから、まず思いついたアイデアをトリガーにして、以降のアイデア出しをうまく進めようということなのです。アイデア出しに限らず、誰しも自分を認めてもらえると気分が良くなりますから、それをうまく使おうということです。

　しかしながら、実際にはこのようなやり方さえ経験されていない場合が多いようです。難しいことではないので、これに気を付けて実施すれば、少しの慣れで多くのアイデア出しができるようになります。

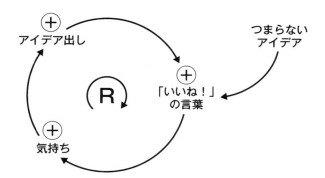

図2.9　アイデア出しを成功させるループ図

　すると、「どんなアイデアでも構わないなんて、それでは使えないムダなアイデアが多くなってしまう。そんな非効率的なやり方で良いのか」という質問が出ます。大丈夫です。使えないアイデアは出てきません。なぜならそれは、工学的矛盾解決マトリックスを用いて選ばれた、発明原理からのアイデアであるからです。最大4つの発明原理によって絞り込まれた見方からのアイデア出しをしていますから、ムダなアイデアが出ることはないのです。
　TRIZが紹介された頃、TRIZでやるからには普通のアイデアレベルでは意味がない、TRIZは弁証法的なレベルの高いアイデアが出せるのだから、それを目指すべきだという説明がされたことがあります。説明なさった方は、TRIZで効果的なアイデアが出せるのだから、"従来レベルを超える"そのような意気込みでやるべきだということを言いたかったのではないかと想像します。しかし、それは説明としては正しくないと考えます。アイデア出しの際に、アイデアのレベルにしきい値を設けるようなことを言ったのではアイデアは出ません。最初からレベルの高いアイデアを出そうなどとは考えないことです。

2.6　最初のアイデアをヒントにさらにアイデアを拡げる

　ところで、「アイデアを出し尽くした」という経験はおありでしょうか。ブレーンストーミングなどでアイデア出しをしても、なかなか出し尽くしたという実感は持てないと思います。「ある程度時間をかけたし、これ以上時間をかけても効率的ではないから、ひとまずこの程度でよしにしよう」というのがほとんどでしょう。
　アイデアは単に時間をかければ出せるというものでもありません。そのため、不完全燃焼ではあるが仕方ないと思っているわけです。でも、それで問題が解決できるレベルのアイデアが出せなかったのでは、アイデア出しにかけたせっかくの時間がムダになります。人を集めて時間をかけたのに、有効なアイデア出しができなかったのでは、みすみすムダなことをしたことになります。
　アイデアを出す1つの方法として、アイデアの連想と成長というやり方があります。これは初めに出たアイデアについて、その改良をどんどん考えていくことによってアイデアを

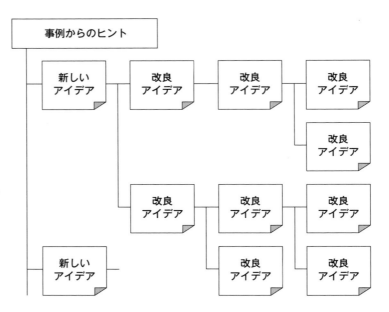

図 2.10　アイデアの連想と成長

つなげていくというやり方です。必ずしも改良アイデアでなくても構いません。やり方を図2.10 に示します。先に出たアイデアにどんどん変更を加えていくことを繰り返していくと、それがやがて最初のアイデアとは異なるレベルのアイデアになる可能性があります。

　世の中のものやシステムは、要求に合わせて改良が続けられてきています。最初から完璧なものなどありません。ですから、最初のアイデアに対して後からどんどん改良を加えていくというやり方は、自然なやり方なのです。連想によってアイデアをつなげて成長させていくやり方は役に立ちます。この事例については、拙著『QFD と TRIZ』（養賢堂）をご参考ください。

　繰り返しますが、発明原理はツールです。どのように発明原理をうまく使ってアイデアを出すかが重要なことなのです。頭の中にある、生まれてからこれまで生きてきた知識や経験を、アイデアとして引っ張り出すために使うツールが発明原理です。

3.1 すべての商品・技術は規則性をもって進化する

　一見無秩序なプロセスに見える技術の進化は、実は規則性を持っており、環境などの条件で変わるものではないという普遍性が見出されています。これは、技術が進化していくには共通の一定のパターンがあり、しかもあらゆる技術分野においてそれは同じであるということです。

　図3.1に示すように、生物学的システムと同様、技術はあらゆる分野でS字曲線を呈する特定のパターンに従って進化します。工学システムにおいて、それを代表する技術的パラメータは、幼少期（Ⅰ）、成長期（Ⅱ）、成熟期（Ⅲ）、衰退期（Ⅳ）と遷移します。

　このように、技術システムの進化とは少数の高レベルの発明により新しいシステムが誕生し、そのシステムの価値が見出されるにつれて成長曲線の勾配が増す。その後多数の改良的発明によって技術的な成熟段階となり、その後、デザインなどによって差別化や延命工作が図られるという運命を、どのような技術においても繰り返しているというわけです。これが技術進化のS字カーブです。

　一般に、機能を加えることによって商品力を向上させている例は多くあります。というか、ほとんどの商品がそうです。一例として、家庭用の冷蔵庫を見てみます。初期の頃は1ドアの冷蔵庫でしたが、やがて冷蔵と冷凍に部屋が仕切られた2ドアとなりました。そして野菜室や製氷室が独立して設けられるようになり、そのたびにドアが増えました。異なる温度の部屋を効率よく冷却すると同時に、使いやすくする目的です。

　さらに、肉や魚、乳製品などを解凍しなくてもすぐ調理できるようにと、チルド室が設けられました。保存するものによって、約プラス1℃のチルドから約マイナス1℃のパーシャルに切り替えられるようにもなっています。野菜室では、野菜のみずみずしさを保って保存

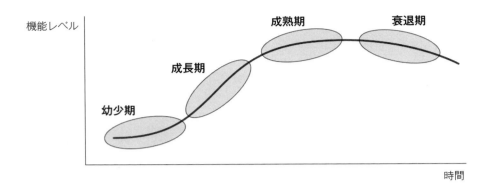

図 3.1　技術進化の S 字カーブ

できるようになりました。他にも、外形が同じ大きさで中の容量が拡大されたり省電力化が図られるなど、いろいろと各メーカーが機能を加えて、特徴を持たせた冷蔵庫となってきています。

　これは技術進化の規則性を説明する一例ですが、成長期には大きな進化があり、成熟するに従ってゆっくりとなっていきます。技術進化はこのような S 字カーブに示される規則性を持っていることから、技術システム進化の法則として示されています。それは、

① **理想性増加の法則**：すべてのシステムは理想性が高くなるように進化する。
② **システムの完全性の法則**：たくさんの部品が統合され、まとまった技術システムに進化する。あらゆる技術システムはエンジン、伝達装置、制御ユニット、および作動ユニットの 4 つの構成要素からなり、構成要素が 1 つでも欠ければ技術システムは存在しない。
③ **エネルギー伝導の法則**：技術システムはエネルギーの伝達効率が高まるように進化する。
④ **システム諸部のリズム調和の法則**：技術システムの活力に対する必要条件は、技術システムのすべての部分における振動周波数（動作の周期性）を調和させる、あるいは意図的に非調和にすることである。
⑤ **不規則に発展するパーツの法則**：上位のシステムは下位のサブシステムから構成されている。下位のサブシステムの進化はその過程が同一にならないため、改良による有益な働きと有害な働きが発生する。
⑥ **上位システムへの移行の法則**：進化の過程で技術システムは併合し、二重システムおよび多重システムを形成する。
⑦ **マクロからミクロへの移行の法則**：技術システムは機能を高めるために、作用体が制御しやすいようにミクロレベルに遷移する。
⑧ **物質－場の完成度増加の法則**：2 つの物質と 1 つの場というトライアングルモデルが進化して、完成度が高くなるように進化する。

の 8 つに分類されています。

Column 7　技術開発の戦いは発想の戦い

　想像してみてください。最も軽量なダイハツの軽自動車ミライースに1000PSのエンジンが載っていたら。これはなかなかすごいですよね。そんな乗り物はない？重量と馬力との関係でいうと、それに相当するものが二輪のレース用マシンです。

　二輪のレースは2000年代になって4サイクルのモトGPと呼ばれるクラスとなり、現在は1,000ccでの戦いとなっています。日本の3社とイタリアのドゥカティが参戦しています。

　どこのマシンも馬力の公表値は235PS以上（実際はもっと出ている）となっていて、車重は規制の最低値である160kgに限りなく近づけられています。ですから、馬力あたりの重量では0.7kg／PSとなり、冒頭のたとえになります。もちろん、絶対馬力が違いますから1,000PSの走りにはなりませんが。

　馬力でいえば、排気量当たりで比較してもF1のエンジンがもっと高性能です。しかし、二輪は馬力を受け止めるタイヤが1本で、路面との接地面積は卵1個程度であるため、単に高馬力だけでは使えない馬力となります。タイヤが滑らずに路面に駆動力を伝えることが重要で、トラクションが得られるエンジン特性が求められるのは二輪車特有の課題です。

　自動車をはじめ通常の4気筒エンジンは、フラットプレーンと呼ばれるクランクピンが180°に配置されたタイプです。しかしこのタイプでは、たとえばクランクが一定トルクで回転しているとき、ピストンの往復による慣性トルクによって、上死点に向かうときにはクランクが加速され、下がるときにはクランクを減速させる作用をします。そのため、クランクの出力トルクは正弦波のように変動します。これによって無用なタイヤスリップを生じやすくなるだけではなく、スロットル開閉によるトルク変化の路面からの情報が得られにくくなるため、コーナーでのスロットル開閉制御がしにくくなっていました。

　そのため、クロスプレーンと呼ばれる90°ごとに配置したタイプが考えられたわけです（図a）。これによるトルク感はまったく別次元の感覚で、早い段階からアクセルが開けられます。さらに、ブレーキングにおいてもタイヤのロックが発生しにくくなるというメリットも得られています。

　クランクは一例で、レースは毎年変更される規則に対応することが求められます。それは技術力であり、マシンにいかに多くの施策が織り込めるか、まさに技術開発の勝負です。

　しかし、1つのことに長く関わっていると、ついついこれはこういうものだという思い込みが生まれ、視野が狭まります。そこで、TRIZを適用すると、新たな視点からの開発の切り口が見えてくる可能性があります。その結果、解決ができれば競合相手に先行できて、戦闘力を

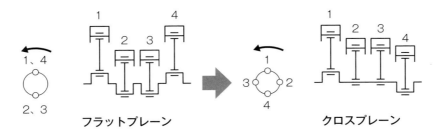

図a

増すことができます。

　レースに限らず商品開発も同様です。機能を実現するための昔からの方策だけを踏襲していては、競争力は維持できません。TRIZによって思ってもいなかった発見につながる期待があります。どうですか、あなたの周りに課題はないですか？ TRIZなら成功体験できますよ！

3.2 技術進化パターンを加味したロードマップを作成しよう

　技術システム進化の法則は概念的であり、ここからどのように具体的なアイデアを出していくのかが、ちょっと難しいかもしれません。そのため、技術進化パターンとして19の観点から分類した見方があります（**表3.1**）。技術システム進化の共通傾向としてまとめられたものです。

　これは、工学的矛盾を考えることなく、「共通的な傾向を分類してみると技術はこのように進化しています。あなたの技術システムについても同様な進化が適用できるのかもしれません。すると、次の進化はどうなのかについて考えやすいですよ」ということです。

　では、技術進化パターンとは、どのように理解するのかということです。例として**表3.1**の最初に「①新しい物質の導入」という進化パターンが示されていますので、これで考えてみます。これは、2つの物体間の作用を改善しようとするために、いろいろな新しいものを加えてみようということで、その場所としては物体の中、物体の外部や周辺などがあるということを示しています。

　そこで、技術進化パターンの「①新しい物質の導入」とはどういうものか、例を食品で見てみます。**図3.2**のようなハンバーガーがあるとします。これは、上下に切った丸いパンの間に挽肉のパティやレタス、トマトなどを挟んだものです。手軽に食べるために、パンの中に他の食材を挟んだものと考えられ、パンという物質に新しい他の物質を加えて進化したものと理解できます。同様に、ホットドッグは細長いパンに、縦に切れ目を入れて温めたソーセージなどを挟んだものです。いずれもサンドイッチの一種とされています。

　他にも、あんパンはパンの中に餡が入っており、大福は餡を餅で包んだものです。たい焼きは水でといた小麦粉を鯛の形の型に流し込み、餡を入れて焼いたものです。巻き寿司やクレープ、おにぎりなども、技術進化パターンからは、いずれも物質の内部に新しい物質を加えたものと理解できます。

　では次の、新しい物質を外部に加えたという見方からはどうでしょうか。これは、一口大に切った食パンやクラッカーにフォアグラやキャビア、チーズなどを乗せたカナッペ。丼のご飯の上に味付けした天ぷらを乗せた天丼や、甘辛く煮込んだ牛肉を乗せた牛丼などの丼物があります。挟んだり巻いたりではなく上に乗せたものなので、外部に加えたという見方ができます。

　また、新しい物質を周辺へ加えたものについては、ざる蕎麦やつけ麺などの、つけ汁に麺をつけて食べる食べ方があります。麺とつけ汁が別々に用意されているものという見方です。

表 3.1　技術進化パターン[3]

①新しい物質の導入（新たなものを加える）	⑩流れの分割（流れの細分化）
物体の内部に、物体の外部に、物体の周辺領域に、物体と物体の間に	2つに分岐、いくつかに分岐、多数に分岐する
②改良物質の導入（改良したものを加える）	⑪可動性の調整（可動性の増加）
物体の内部に、物体の外部に、物体の周辺領域に、物体と物体の間に	部分的に可動、可動性を増す、柔軟に、分子サイズに、磁界の形態に
③空隙の導入（隙間や空間を加える）	⑫周期性の調整（動的作用の増加）
物体の内部に、物体の外部に、物体の周辺領域に、物体と物体の間に	波打たせる、共鳴波にする、結合波にする、進行波にする
④場の導入（新たなエネルギーを加える）	⑬作用の調整（適合性の増加）
物体の内部に、物体の外部に、物体の周辺領域に、物体と物体の間に	部分的に調整する、全体的に調整する、一時中断する
⑤モノーバイーポリ：類似物体（類似物体の増加）	⑭制御性の調整（制御性の増加）
1つの類似物体を導入、複数の類似物体を導入、類似物体を共通系にまとめる	半自動制御にする、全自動制御にする
⑥モノーバイーポリ：異なる物体（新たな物体の増加）	⑮幾何学的構造の他次元への移行
1つの異なる物体を導入、複数の異なる物体を導入、異なる物体を共通系にまとめる	線に変える、面に変える、立体に変える
⑦物質と物体の分割（分割度合の増加）	⑯線構造の幾何学的進化
2つに、3つ以上に、粉末に、ペーストやゲルに、液体に、泡に、霧に、気体に、プラズマに、場に、真空に	平面で曲げる、空間内で曲げる、空間内で複合曲線にする
⑧空間の分割（空間活用度合の増加）	⑰表面の幾何学的進化
空隙を導入する、空間を分割する、微細孔と微細管を形成、微細孔と微細管を活性化	一方向に曲げる、二方向に曲げる、複合曲面にする
⑨表面の分割（表面の細分化）	⑱立体構造の幾何学的進化
突起を形成、表面を粗くする、表面を活性化する	円筒面にする、球面にする、複合面にする
	⑲トリミング（構成要素数の削減）
	一部を削除する、複数個所を削除する、全体を削除する

図 3.2　パンに「新しい物質」を加えたハンバーガー

そして、新しい物質を物体間に加えたものとしては、五目ご飯やお茶漬けなどが挙がるでしょうか。ご飯と混ぜることによってご飯の周囲に新しい味が加えられて、それを一緒に食べることができるものという解釈です。

このように、新しい物質をどこに付加するかによって、味や食べ方など色々な新しい食品が考え出されてきています。食品は最も身近なもので、昔から手軽に食べられるとかおいしく食べるためなどの改良がなされてきた結果だと考えられます。

では、新しい物質を付加する場所として初めに物体内部への付加があり、次いで外部に付

加され、そして周辺への付加から物体間への付加へと、付加する場所が中から外になり、次第に元の物質から離れるに従って新しい技術として進化して行ったのでしょうか。

そのようなことはありません。技術の進化が順序良くなされていったということはないと考えています。あんパンやおにぎりよりも、ざる蕎麦やお茶漬けが後になって出てきたものだとは考えられません。どこに付加するかという見方でまとめると、上記のような場所の違いがあるということです。

実際に、アイデアは昔からあったのだけれど、時期が適当でなかったために商品化は後になったという話が多くあります。しかしながら、技術的に次第に高度になっている例が多くあるということです。たとえ機能が優れていても、有害作用やコストが大きくてはそれが解決されない限り商品化されることはないわけです。

技術進化パターンは工学的矛盾を考えなくても良く、有害な作用を除去したり、不足している作用を強化したり、あるいは将来のシステムの予測など、発明原理とは問題への見方が異なります。そのため、発明原理からのアイデアとは異なるアイデアが出せる可能性があります。技術進化パターンのアイデアからどのような嬉しいことが考えられるか、それを見つけられると新たなニーズにつながります。ですから技術進化パターンには、時代を先取りできるアイデアにつながる可能性があるわけです。S字カーブの進化を先に考えることができれば、これほど強いことはありません。

技術ロードマップの作成に際して、技術進化パターンの考え方を加味することによって、「できたらいいな」の願望レベルでなく、「こんな嬉しいことができる」と明確なレベルで作成できるようになり、そして実現が確実になります。

Column 8 　発想で勝つために

60年代の二輪車レースで、ホンダが高回転化による高出力を実証しましたが、それは、当時「時計のように精巧な」といわれた4サイクルDOHC4気筒によってでした。その構成は、カムの駆動を2，3番気筒の中央からギヤで行う方式でした。

クランクからシリンダヘッドのカムまでギヤを並べていきます。そのギヤを支えるためには軸が必要ですが、横にシリンダがあると軸が配置できません。仕方なく、シリンダを避けて軸を通すために、図aのようにシリンダの後方にギヤ列を配置する構造になっていました。

それまでイタリアのMVというメーカーが4サイクルでレースをしていましたが、次第にホンダに勝てなくなりました。MVの構成は4気筒で、ホンダと同様に4気筒の中央からギヤでカムを駆動するものでした。しかし、ギヤの支持方法は、ギヤ列を収めるケースを用いる方式でした。図bのように、ギヤを支える軸がケースに支持されています。ですから、ギヤを収めたケースをカセット式に挿入するだけで組み立てできる、とても整備性に優れた方式でした。クランクからシリンダに沿って真っすぐにギヤを配置できるので、ギヤの数も少なくてすんでいます。レースであっても馬力と軽量化だけでない、整備性を考えた設計がされていました。

レースで勝利できると技術的に優れていると認識してもらえます。しかし、だからといって

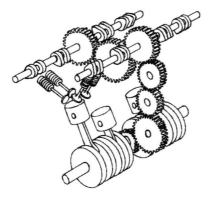
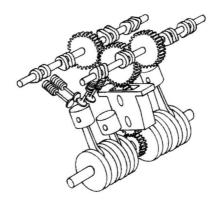

図a　シリンダの後方にギヤ　　　　図b　ギヤを支える軸がケースに支持

すべてにおいて優れているわけではありません。MVの設計は、「設計とは？」について考える良い参考になりました。

戦争中、日本では六角ボルトを締めるのに用いていたのはスパナです。しかし、アメリカではボルトを回すのにラチェットレンチを使っていたのだそうです。これでは、整備時間の短さが求められる飛行機をはじめとした兵器の整備では勝負になりません。

また、頭が十字のプラススクリューは、本田宗一郎氏が欧州視察で立ち寄った工場で、通路に落ちていたのを素早く拾ってポケットにしのばせて帰国し、日本に紹介して広めたのだと言われています。これでネジ締めの作業性、信頼性が大きく向上しました。

上記のいずれも、それまでの日本にはなかった発想です。簡単な例とはいえ、これらの例から日本人は発想に特別に優れたわけではない民族だと考えると、外国との競争には発想を助ける手法を用いることが必要になります。従来通りの、自分の経験に頼るだけの視野の狭い発想では勝てません。その打破を可能にするのがTRIZであり、発想で勝つためには必須のツールです。

3.3　技術進化パターンと発明原理（似た考えなら利用しよう）

繰り返しになりますが、あらゆる分野の問題解決の考え方に共通性があり、それを帰納的にまとめたら40になったというものが発明原理でした。そして、技術が進化していくには一定のパターンがあり、あらゆる分野において同じパターンで進化が起こっているという事実を踏まえて、進化させていく思考の展開方法をパターン化したものが技術進化パターンでした。

そもそも、TRIZは特許の中に表現されている問題解決のプロセスを分析し、それを整理して、より良い問題解決の方法として作り上げられたものです。ですから、発明原理は分野は違っても同じ解決の考え方が適用できるという、今の問題についての解決に役立ちます。一方、技術進化パターンはある分野の技術が起爆剤となり、他の分野でも使われるようになる思考の展開の仕方という、将来の問題について考えるのに役立ちます。

表 3.2　技術進化パターンと発明原理

進化パターン	発明原理
①新しい物質の導入	組合せ原理、仲介原理、つりあい原理、事前保護原理、複合材料原理
②改良物質の導入	局所性質原理、先取り反作用原理、先取り作用原理、事前保護原理
③空隙の導入	多孔質利用原理、分割原理
④場の導入	機械的システム代替原理、パラメータ変更原理、相変化原理
⑤モノーバイーポリ：類似物体	組合せ原理、汎用性原理
⑥モノーバイーポリ：異なる物体	組合せ原理、汎用性原理
⑦物質と物体の分割	分割原理、入れ子原理、パラメータ変更原理
⑧空間の分割	分割原理、分離原理
⑨表面の分割	分割原理、多孔質利用原理、曲面原理、薄膜利用原理
⑪流れの分割	分割原理、多孔質利用原理
可動性の調整	ダイナミック性原理、機械的振動原理、流体利用原理、熱膨張原理、薄膜利用原理
⑫周期性の調整	周期的作用原理、機械的振動原理、相変化原理
⑬作用の調整	フィードバック原理、先取り作用原理、先取り反作用原理
⑭制御性の調整	フィードバック原理、排除／再生原理、相変化原理
⑮幾何学的構造の他次元への移行	他次元移行原理、ダイナミック性原理
⑯線構造の幾何学的進化	他次元移行原理、ダイナミック性原理
⑰表面の幾何学的進化	他次元移行原理、ダイナミック性原理、曲面原理、薄膜利用原理
⑱立体構造の幾何学進化	多次元移行原理、等ポテンシャル原理、曲面原理
⑲トリミング	汎用性原理、均質性原理、アバウト原理、変色利用原理、逆発想原理、災い転じて福となすの原理

　一言で言えば、発明原理は問題解決の考え方、技術進化パターンは技術進化のトレンドで整理したものであるといえます。ですから、技術進化パターンからのアイデア出しに際して、発明原理をヒントにして考えることでも一向に構わないのです。というか、そのようなやり方もできるということです。必ずしもぴったり適用できるというものばかりではないですが、表3.2に関連の近い技術進化パターンと発明原理を示しました。

　これは、たとえば技術進化パターンの「①新しい物質の導入」については、発明原理の「組合せ原理」や「仲介原理」の考え方が使えるということです。また、「⑦物質と物体の分割」については、「分割原理」の考え方が適用できるということです。

　技術進化パターンにおける「新しい物質の導入」には、「内部」や「外部」や「周辺に」といった付加する場所が示されていました。その時に、「組合せ原理」のサブ原理に示されている考え方を用いて、「同一のあるいは類似した部分を組み合わせて内部や外部に付加する」ことを考えたり、「仲介原理」の考え方を用いて、「中間のキャリア物質や簡単に除去できる物体を内部や外部に付加する」ことを考えてみることで、「新しい物質の導入」についてのアイデア出しがしやすくなるのではないかということです。

　あるいは、「⑦物質と物体の分割」という進化過程については、「ひとかたまりのものがいくつかの部分に分割されたり粉末に置き換えられたりする」という考え方です。これは「分割原理」で示されている「物体を個々の部分に分割する」や、「物体の分裂または分割の度

合いを強める」というサブ原理に沿ったアイデアをどんどん出して行くと、細片から粉末、さらには分子のレベルに分割できるということです。ということは、分割原理のアイデアを多く集めて整理すると、技術進化パターンにまとめられるという見方ができるわけです。

ですから、発明原理からのアイデア出しであっても、技術進化パターンからのアイデア出しであっても、切り口を変えてみた見方を示してくれているのだという理解で構いません。

発明原理からのアイデア出しは経験していても、技術進化パターンには馴染みが少ない方もいらっしゃるかと思います。発明原理の見方をヒントにして、技術進化パターンからのアイデア出しに慣れていくのも一法かと考えます。

Column 9　問題の前提を変える

ずいぶん昔の話で恐縮です。二輪車のレースの主戦場が、500ccになり始めたころの話です。

２サイクルは排気膨張管や排気チャンバーなどと呼ばれる、途中が膨らんだ排気管によって出力向上を果たしています。極めて重要な要素で、４サイクルに勝てるようになったのはまさにこのおかげです。テーパの角度や長さ、径など、すべての個所の諸元に意味があり、まさにこれこそが２サイクルのキモともいえるものです。

気筒数の制限は４気筒までで、車両に最も搭載しやすいエンジン配置は並列４気筒です。排気は前方の排気孔から湾曲して後方に導かれますが、途中のエンジン下部に排気膨張管の太い個所が来ることになります。二輪車はカーブで車両を傾けて曲がりますから、タイヤ断面外周とエンジン下端を結ぶ直線で囲まれた３角形の空間に、排気膨張管を収める必要があります（図a）。

しかしながら、必要な４本の排気膨張管の断面積を確保して収めるのは大変で、形状を工夫したりしても、なかなか必要な断面積が得られません。出力のためには断面積の確保は必須です。また、図aでは３角形や長円などとなっていますが、できれば断面は円にしたいところです。問題は、限られた３角形の空間に、どうしたら必要な断面積を持った膨張管を収められるかということです。この問題、あなたが設計するとしたらどのように考えますか？

そのとき、図bの外側の２気筒を前後ひっくり返して装着するというアイデアが出されました。言われてみれば、４気筒だからといって４つのシリンダが同じ方向に揃っていなければならないということはありません。こうすることで、３角形の中を通る排気膨張管は２本となりますから、設計に制約は出ません。収める排気管の数を減らすという、まさに問題の前提を変

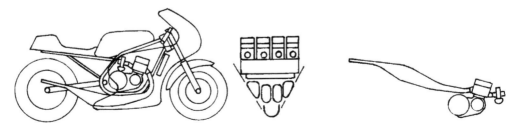

図a　　　　　　　　　　　　　　図b

えて解決したわけで、素晴らしいアイデアだと感心させられました。

　このような考え方は、現在ではラテラルシンキングなどと呼ばれる発想法として紹介されています。とはいっても、どうしたらそのような発想ができるかです。

　TRIZプログラムには、究極の理想解という考え方があります。本来どうあるべきで、その実現を妨げているのは何かと考えます。すると、排気管を4本通すことが問題の原因なのだと気付かせてくれます。当たり前のことですが、前提を肯定するから解決できない訳で、前提を変えて数を減らせば良いのだということです。

　究極の理想解という考え方によって、特別に優れた人でなくても水平思考ができるようになります。究極の理想解はTRIZツールの1つですが、これ以外にもTRIZによって色々な見方ができ、ムダな時間ややり方をすることなく確実に解決できるツールが示されています。ぜひ、一度TRIZプログラムを実践なさることです。

4.1 発明原理からのアイデア出し（事例の図からヒントを得る）

　第2章で説明した発明原理とそこに示されたサブ原理を参考にしながら、頭の中で様々に思考を巡らせて多くのアイデア出しをするわけですが、その発明原理の考え方からはどのような事例があるのかが図で示されていると、それをヒントにしてアイデア出しがやりやすくなります。

　発明原理の考え方の事例を図によって紹介することは、アイデア出しを容易にする有効な方法です。言葉で説明されるとその内容を頭の中で考えて、そのうえで自分なりの理解をしてから、それでは何かアイデアはないか…と思考を巡らせるという順序になります。しかし、それを図で見せられるとすぐに理解できるので、アイデア出しに直結できるわけです。それでも3つや4つの事例では不足です。

　多くの事例が示されていると、なるほどこの発明原理はそのような見方もあるのかという気づきができます。そして、図を見ることによって発想がしやすくなります。図は頭の中からアイデアを引き出すための潤滑剤です。事例を参考にして効果的なアイデア出しをするには、多くの事例を図で紹介していることが不可欠です。そのため、本書では500を超える事例を載せました。1つの発明原理当たりでは、平均13以上の事例を載せています。ですから、効率的なアイデア出しに役立つものと考えます。

　ところで、これまでTRIZの解説書をご覧になった方はお気づきと思いますが、同じ事例が載っていても、本によって違う発明原理として紹介されている場合があります。同じ事例であるのに、ある本では分割原理として説明されているものが、別の本では組合せ原理に分類されているなどです。問題解決のやり方を集約したものが発明原理なのに、なぜ分類が違っているのか。これではどの本も信用できなくなるばかりか、発明原理にも疑問を持たれるか

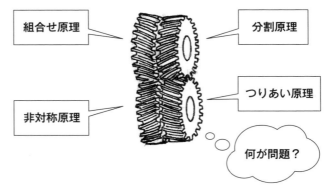

図 4.1　やまば歯車の発明原理

も知れません。では、なぜそのようになっているのでしょうか。それは何を問題と考えたかによって違ってくるということなのです。

簡単な例を紹介します。図 4.1 のようなやまば歯車があったと思ってください。やまば歯車とは、ねじれ方向の違う 2 組のはすば歯車が組み合わさったものです。

このやまば歯車は、高回転高トルクを伝達するためにはすば歯車を用いようと思ったが、1 組ではとても外径が大きくなってしまってシステム全体が大型化して成り立たない。そのため、2 組の歯車に分割して小型化を可能にしたのだと考えれば分割原理です。

しかし、同様な高回転高トルクを伝えるために、システムの大きさに制約があるとき、そこから許容される外径の 1 組のはすば歯車では強度が不足するので、2 組のはすば歯車を組み合わせて可能にしたのだと考えれば組合せ原理となります。

そのとき、2 組の歯車を用いるにしても同じはすば歯車ではスラストが発生するので、ねじれ方向が逆となる歯車を組み合わせることによって、スラスト力をつりあわせるようにしたのだと考えればつりあい原理です。

さらにまた、2 組の歯車の組み合わせにおいて、逆方向のねじれ方向を持つ共通性のない歯車を配置したものだと見ると、これは非対称原理という見方もできます。これらを図 4.1 に示しました。

歯車の種類を説明する本には必ず載っているやまば歯車ですから、機械屋でなくても図は見たことがあると思いますが、このような簡単な機構であっても何を問題と考えるかで解決の考え方が異なるわけです。発明原理は工学的矛盾を解決した結果なので、問題が異なれば工学的矛盾も違ってきます。そのため、該当する発明原理が違ってくるのです。

ですから、発明原理事例として載っている、問題を解決した結果を見るだけでは、人によって色々と違った解釈や見方になります。そのために、従来の本に紹介されている事例が異なる発明原理で説明されていても、どれも間違いということではないわけです。

しかし、1 つの事例をあちこちの発明原理事例に載せるのでは煩雑で混乱します。また説明のスペースも要しますから、すべてについて紹介するのは適当ではありません。そのため

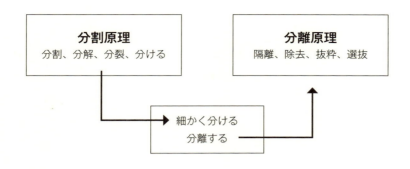

図4.2　サブ原理の解釈

　本書では、「多分このような見方が最も一般的でないか」と思われる解釈をしたものを事例として載せました。そして、別の見方については説明文に加えるようにしました。
　ですから、事例によっては「この事例がこの発明原理で説明してあるのはピンとこない」という方もいらっしゃると思います。その時は、「なぜその発明原理なのだ、理解しにくい！」と思わずに、そういう見方もあるのかと思ってください。別の発明原理に当てはめると理解がすっきりするのであれば、それで一向に構いません。
　そしてもう1つアイデア出しに際して説明します。工学的矛盾解決マトリックスから発明原理が抽出されます。その発明原理に従ってアイデア出しをすれば、問題解決のための効果的なアイデアが出せるはずです。
　ところで、発明原理には解釈を間違えやすいものがあります。例として分割原理と分離原理で見てみます。図4.2のように、分割原理のキーワードと言えば分割、分解、分裂、分けるなどです。一方、分離原理では隔離、除去、抜粋、選抜などが挙がります。双方の発明原理で、定義は当然ながら明確に違っています。しかしながら、分割原理の「分ける」（これは細かく分けるという意味）を、「分離する」とか「層別する」と解釈してしまうと、これは分離原理の理解になってしまいます。ですから、分割原理からのアイデア出しのつもりが、分離原理からのアイデアであったという場合も出てきます。でも、それでアイデアが出せたのなら一向に構いません。正しく定義された分割原理からのアイデアでないといけないわけではありません。見方を拡げて柔軟に考えたということなのです。結果として、とにかくアイデアが出せれば良いわけです。当然ながら、アイデアを正しく分類することが目的でもありません。
　従って、極端に言うと、アイデア出しに際しては厳密にサブ原理の見方にこだわらなくても構わないと考えています。拡大解釈していただいて結構です。そのように考えて、以下に示す40の発明原理事例を参考になさってください。必ずアイデア出しの役に立つものと考えています。今までの本には紹介されていない多数の事例を図と説明文で表しています。
　しかし、読者の中には、「何を今更、言われなくてもわかっているものだ」とか、「新しい技術でもないのに、なぜ事例として載せているのだ」とか、「分野が片寄っていて自分の技

術問題に使えない」などという見方をされる方もいらっしゃるかも知れません。そのときは、「TRIZ は手法であって、魔法ではありません」という言葉を思い出してください。

TRIZ を使えば、自動的にアイデアが出せるなどということはありません。アイデアは自分の頭の中にあるものしか出てきません。知識や経験がなければアイデアは出せないのです。発明原理からいかに多くのアイデアを引き出すかは、事例をどのように見るかにかかっているわけです。事例を見て「何だ、こんな他分野事例は関係ないや」でなく、「この考え方、やり方をヒントにどのようなアイデアが出せるか、何か出せないか」と考えるべきなのです。考え方を真似するとはそういうことなのです。

ですから、載っている事例がわかり切っているもので新しい技術でないとか、分野が片寄っているとか、自分の分野と異なるなどといったことは、アイデア出しにおいてはまったく関係ないことなのです。そのような批判は、やり方を真似しようということから来るものなのです。

Column ⑩ 別の分野の技術で進化する

自動車の燃費向上や CO_2 排出量規制のために、重量軽減への取組みが続けられています。比強度が上がった材料ができて薄くても必要な強度が得られても、剛性を確保することも必要ですから、単純に薄くするだけでは不足です。しかしながら、日本の優れた高張力鋼板について設計や加工方法も洗練されてきて、適材適所で、使用部所によって多くの種類の高張力鋼板が使い分けられています。

かつて、オールアルミボディで話題となったスポーツカーがありました。軽量さと同時に価格にも驚かされましたが、新しい材料を使いこなすことの難しさがうかがえる事例でした。製造ラインも鉄と同じというわけには行かないでしょうから、簡単ではないのだと想像されます。しかしながら、現在では一般車にも次第にアルミの使用が増えてきています。

比強度からは、CFRP が最も軽量化可能な材料であることは誰しもわかっていても、価格の点からレーシングマシンはともかく、一般車にはなかなか採用が進みませんでした。価格だけでなく分別やリサイクルなど、量産するとなると設計や製造だけではなく多くの課題が出てきますから、容易ではないと思われます。

しかし、欧州の自動車メーカーが、CFRP を採用したボディで軽量化を実現して量産するようになりました。ハイブリッド技術で先行する日本車とは異なるやり方で燃費改善を進める考え方として、軽量化で先鞭をつけるという戦略であるのかも知れません。鉄をうまく使い、鉄とアルミとの接合などで次第に軽量化を進めていく日本のやり方とは異なる感じが持たれます（もちろん、車両価格の違いはありますが）。

かつて、米国をはじめとして自動車の排気ガス規制が始まったころ、エンジンの小改良ではとうてい達成できないレベルの規制値であったため、触媒を用いて化学的に処理することを掲げて、そのためにガソリンを無鉛化するようにしたのは米国でした。ガソリンの耐ノック性を高めるために加えていた鉛による触媒の被毒をなくすために、無鉛化を求めたものです。給油ガンの口径まで変えて、間違って有鉛ガソリンを給油することのないようにした、米国の徹底

ぶりはすごいと思わされました。その後、各国が「右にならえ」したわけです。

　また、触媒による浄化を働かせるために、空燃比の緻密な制御が可能な、電子制御燃料噴射を最初に採用したのは欧州のメーカーでした。

　無鉛ガソリンも電子制御燃料噴射も現在では当たり前ですが、いずれもが当時の自動車に必要だった技術とは別の分野の技術によるものでした。それまでは機械と電気の技術だけでほとんど足りていたわけです。そこに化学や材料、制御など、新しい技術が用いられるようになり、それによって飛躍的に自動車の排気ガス対策技術が進歩したわけです。それが、ターボをはじめとした高性能化や高効率化などにつながっています。

　どのような商品にも技術の進化があります。先取りして考えることができれば優位に立てることは明らかです。そのやり方を示してくれているのはTRIZです。お手並み拝見を続けていて、後れを取らないようにしたいものです。

1 分割原理

竹刀

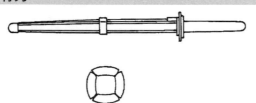

剣道では、怪我をしない柔らかさと、打ち合いで曲がらない堅さを持たせるため、竹片4本を組み合わせた四つ割り竹刀が用いられる。

チェーンソー

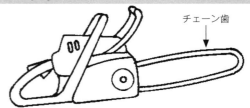

チェーンソーは、のこぎりの歯を分割してチェーン状に連結して、エンジンやモータによってチェーン歯を回転させるので、押し付けるだけで太い木材を連続的に切断できる。

2つの冷却器を持つ冷蔵庫

冷蔵室と冷凍室とで冷却器を分けた冷蔵庫。
温度の異なる各室を効率よく冷却できるとともに、冷蔵室の水分を冷蔵室内へ戻すことによって乾燥を防ぐことができ、新鮮さを保てる。

デュアルインジェクタ

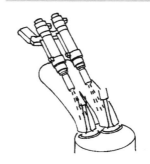

エンジンの燃料噴射弁を、1つのバルブごとに一体として小型化して設けた。より吸気バルブに近づけて配置することができ、噴射時間も短縮できるため、吸気ポートに付着する燃料が少なくなり、混合比が安定する。

リーフスプリング

トラックなどに用いられているリーフスプリングは、高さ一定の平等強さのはりを幅方向に分割して重ね合わせたもの。

遠心クラッチのシュー

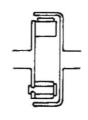 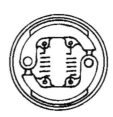

シュー断面

小形エンジンからの動力を断続するなどのための遠心クラッチは、シューの遠心力を用いている。所定回転数以上で動力伝達のための摩擦力を発生するために、シューの重量が必要である。
鋳造や焼結材が使われていたが、板金を積層して溶接し一体化すると低コスト化が図れる。

液体洗剤のノズル

噴出口を小さな複数穴にすると、広く細かく分散させて噴出することができ、偏りなく吹き付けられ、ムダなく使用できる。

①物体を個々の部分に分割する。
②物体を容易に分解できるようにする。
③物体の分裂または分割の度合いを強める。

4WD

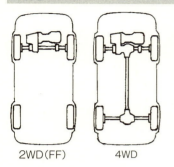

2WD(FF)　4WD

4WDは駆動力を4輪に分散させるのでタイヤのグリップ限界に余裕ができ、加速時にホイールスピンを起こしにくく、タイヤの磨耗も4輪で平均化できる

カーシェアリング

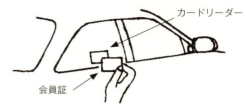

自身では自動車を保有せず、必要なときに一定金額を払ってクルマを利用するやり方。専用の駐車場に置いた車に会員証をかざしてドアロックを開錠して利用する。

2プラグエンジン

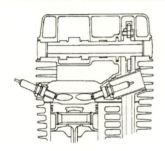

大排気量のガソリンエンジンでは、ノッキングを発生することがないように、2プラグで燃焼範囲を小さくしているものがある。

病院の診療科

```
〇×病院診療科目
 内科
 外科
 泌尿器科
 眼科
 耳鼻咽喉科
 神経科
 受付時間 7:30～17:00
```

病院では専門化が進んでいるので、受診する個所、症状ごとに受ける科目が分けられている。

2ステージターボ

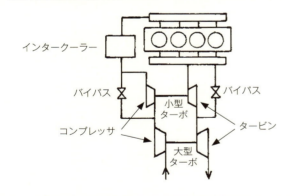

エンジン回転数などに応じて、吸・排気の流路を切り替えて大小2つのターボを使い分ける。
低回転時には小型ターボで加圧し、十分な過給圧を得てターボラグを短縮する。
回転数が上昇するとバイパスを開いて、大型ターボによって高い圧力で過給し、高出力を得る。

深夜電力料金

電力消費の多い昼間よりも、余裕のある深夜時間帯の電力消費を増すため、深夜時間帯の電気代を割安にし、昼間の電気代を割高にした料金設定。

2 分離原理

取っ手が外せる鍋

取っ手と本体を別体にして取り外せるようにした鍋は、入れ子原理を用いて大きさの異なる鍋を重ねて収納できるので場所を取らなくてすむ。

音による蚊の追い払い

蚊の嫌う超音波を発信して、野外で近づく蚊を追い払うことができるスマホのアプリ。人間には聞こえない周波数なので、人には影響がない。

財布

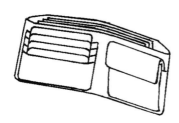

財布は、お札や硬貨、カードを分離して収容して、支払い時に取り出しやすくしている。

ゼロ、OFFビール

健康に留意して、プリン体や糖質、カロリーなどを減らしたビール。

3ボックス型乗用車

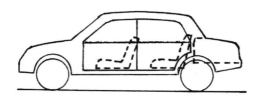

3ボックスのセダンタイプ乗用車は、人が乗るキャビンと荷物室であるトランクとが仕切られている。

オイルパンのゴミ溜め

エンジンの摩耗粉やオイルフィラーからのゴミなど、オイル中に混入した異物をオイルポンプが吸入しないように沈殿させて除去し、オイル交換時に排出されるように設けられたゴミ溜め。

光線のカット

日焼けやジリジリ暑さをなくしエアコンの効きを高めるために、窓ガラスにUVカット機能を持たせたり、可視光を一部カットしてプライバシー性を高めている。

浴場

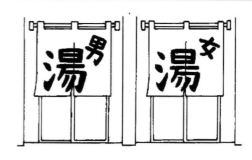

銭湯や温泉など、浴場は男湯と女湯で分けられている。トイレや更衣室も同様の考え方。

①物体の「干渉」部分または特性を分離する。
②必要な部分、または特性だけを抽出する。

電車の優先座席

身体の不自由な方が優先して座れるようにした座席。
女性専用車も同様の考え方。
受動喫煙を防ぐため職場や公共場所を分煙にするのも同様の考え方。

食品認証制度

宗教上の理由で食べることを制限されている食材が加工品に使われていないことを保証する制度。
ハラールやコーシャは、イスラム教とユダヤ教の指標。

層別

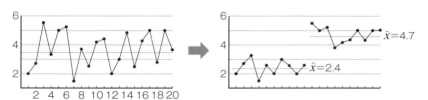

機械別、作業者別、時間別など、データの共通性や特徴に着目してグループ別に分けることで、データから正確な情報を得られる。

プロジェクター式ヘッドライト

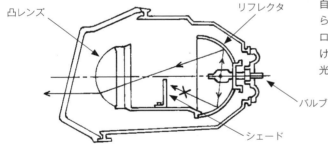

自動車のプロジェクター式ヘッドライトは、バルブからの光を反射鏡で集めて、凸レンズで投影する。
ロービーム用として、シェードと呼ばれる遮蔽板を設けて上半分の光を遮ることで、明暗のはっきりした配光とできる。

バックトルクリミッタ機能を持つクラッチ

二輪車は高速走行時にシフトダウンすると、後輪から逆駆動されてクランクの回転を急激に上昇させるため、大きな逆駆動力が発生してタイヤがスリップして操縦が困難となる。
このため、クラッチボスを2つに分離し、一方のクラッチボスに逆駆動でフリーとなるワンウェイクラッチを設けた。スロットルを戻した通常のエンジンブレーキは効くが、シフトダウンなど強い逆駆動ではクラッチが滑り、後輪のスリップを防止する。

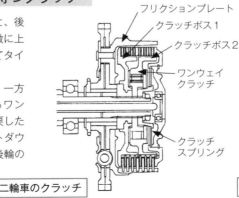
二輪車のクラッチ

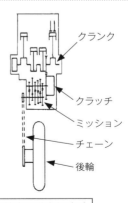
二輪車の動力伝達系

3 局所性質原理

日本刀

日本刀の刃金は高炭素鋼の焼き入れによってマルテンサイト組織で硬く切れ味よく、皮鋼は硬鋼のソルバイト組織で、心鉄は軟鋼であり高靭性のため折れにくい。

旋盤のバイト

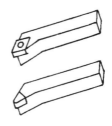

旋盤に用いる切削加工用工具であるバイトは、超硬合金などの刃先をシャンクにネジ結合したり、ロウ付けしたりして構成される。

サッカー用スパイクシューズ

サッカーでは、状況によって、ボールの回転が少ないキックと、多いキックとを蹴る必要がある。
そのため、ボールと接する足の位置の違いを特定し、該当部分に回転がかかりやすい素材と、かかりにくい素材を分けて使用して、蹴りやすくした。

点火プラグ

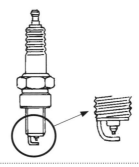

点火プラグは、高電圧で電気火花を飛ばすため、特に中心電極は高温となり電極が消耗する。一方、電極は細いほうが飛火性能が向上する。
そのため、先端に白金やイリジウムチップを溶着した点火プラグが用いられる。

お灸

お灸は、ツボという急所を温熱で刺激することによって血行を良くする。体を温めることで、本来持っている自然治癒力を高めて状況を改善する。

局所麻酔

局所麻酔は手術する部分にだけ麻酔をかけ、意識を消失させることなく、部分的に除痛を行う。

自動車のバリアブルステアリング

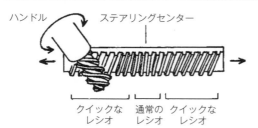

自動車の運転では、ハンドルの中心付近では少しハンドルを動かしてもフラつくことがなく、車庫入れなどハンドルを大きく回した時にはそれ以上に大きく切れると操作性が良いため、中心と両端とではギヤ比を変化させている。

エンジンのシリンダブロック

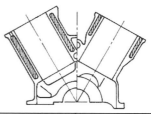

エンジンのウォータジャケットを必要最低限の深さとして、冷却水量を減らして早期暖機を可能にするとともに、下部の温度を上げることによって摩擦損失を減らして、燃費を改善する。

①物体の均質な構成（または外部環境、外部影響）を不均質なものに変更する。
②物体の各部分を、その物体の動作に最適な条件下で機能するようにする。
③物体の各部分が、それぞれ別の有用な機能を遂行できるようにする。

エンジンのバルブシート

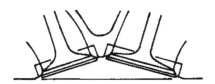

シリンダヘッドは軽量化と冷却性のためアルミ製であるが、バルブとのシール面が摩耗することなく機密を維持することが必要であるため、鉄系のバルブシートが圧入されている。

金属の表面硬化処理

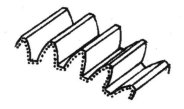

金属の表面のみ硬度を上げることで面圧強度を上げて、芯部は母材硬度として曲げ強度とを両立している。
メッキやコーティングも同じ考え方。

歯ブラシ

植毛台／外周フィラメント／内側フィラメント

植毛台の外周に沿って断面が多角形のフィラメントを高密度に配置し、内側に同心円状の断面の芯鞘構造で鞘部が軟材質、芯部を硬材質として、先端をテーパ状にしたフィラメントを配置。
外周の角ばった多角形フィラメントで、歯茎のマッサージ効果と歯の平滑面の清掃ができる。
内側フィラメントは鞘部の軟材質が芯部の硬材質の曲がりを抑制するので、歯間、歯と歯茎の境界面、歯の噛合面の凸凹に容易に侵入できる。（特許 4050356 号）

減衰力可変ダンパー

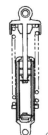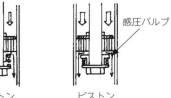

ピストンスピードが遅いとき（オリフィス面積が小）／ピストンスピードが速いとき（オリフィス面積が大）／感圧バルブ

高速走行やカーブを曲がる際には、路面からの入力変化があっても腰のある粘りを発揮し、路面を捉えることが必要であり、ダンパーのピストンスピードの低速での減衰力が必要となる。
一方、路面の細かな起伏や不整地での凸凹による振動を吸収し、良い乗り心地を得るためには、速いピストンスピードでの減衰力を弱める必要がある。
そのため、ダンパーの感圧バルブをピストンスピードによって開閉させ、減衰力特性を2段階に変化させるようにした。

可変フライホイール

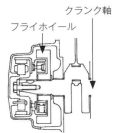

遠心クラッチ／スプリング／フライホイール／クランク軸

エンジンは、アイドリングなど低速での回転を安定させるために、大きなフライホイールの慣性マスが有効であるが、中高速回転ではスロットルの動きに応じた素早い加速、減速を可能とするために、小さな慣性マスが求められる。
そのため、クランク軸にフライホイールを回転自在に取り付け、遠心クラッチによって連結を断続するようにした。
低回転ではスプリングで遠心クラッチが押されてクランク軸の回転がフライホイールに伝わり、慣性マスが大きくなる。一方、高回転では遠心クラッチが遠心力で外側に拡がるのでフライホイールはフリーになり、慣性マスが小さくなる。

4 非対称原理

小学生用運動靴

運動場を左回りに走るときに速く走りやすい、小学生用運動靴。左側にスパイクを集中してグリップ力と安定性を高め、左コーナーで転びにくくした。

非対称傘

非対称の傘は風の向きに傘が向き、傘の水滴が背中に落ちることがない。

刈払機ハンドル

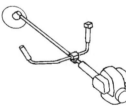

刈払機は竿を右腰に当てて作業するので、ハンドルを右側より左側を長くすると、右手で押しながら左手で引きやすくなるので作業しやすくなる。

駅ホームの階段

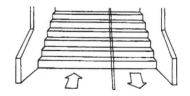

駅のホームと階上の改札との間の階段は、ホームの混雑をなくすため、出口側が進入側より幅広く仕切られている。

パソコンなどのコネクタ

上下を間違えて挿入できないように(フェイルセーフ)、挿入形状を台形にしたパソコンなどのコネクタ。

非対称断面形状のタイヤ

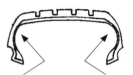

平らなサイドウォール　　丸いサイドウォール

タイヤのサイドウォールの形状を左右で非対称にすると、横揺れを少なくしつつしっかりした乗り心地となり、安心感のある運転感覚のタイヤとできる。

音の少ない刈払機のカッター

刈払機のカッターは、穴の開いた薄い金属円盤であり、草刈の衝撃で騒音を発生する。
このため、穴を角度方向に非対称に配置し、途中にスリットを設けた。
スリットによって円盤の振動が遮断されて振幅が小さくなるとともに、スリットの左右で振幅が異なるので摩擦で振動が減衰し、騒音が低下する。

自動で戻る回転扉

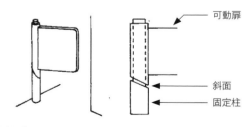

入退時に可動扉がどちら側に回動しても、自重で斜面を滑って元の位置に戻る。

①物体の対称な形を非対称に変更する。
②物体が非対称である場合は、非対称の度合いを強める。

位相差カムシャフト

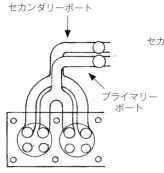
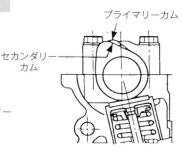
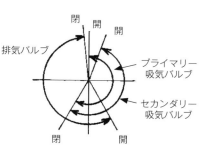

シリンダ内で吸気の流動を発生させて燃焼改善と充填効率を高めるために、2つの吸気バルブの作動角とタイミングをずらして、シリンダ内に時間差を持って吸気を流入させ、シリンダ内で渦を巻くようにするためにカムに位相差を付けた。

非対称ドア

乗降性を良くするため、左側のセンターピラーを廃して一枚の大型スライドドアとし、剛性確保のため、右側は普通のスイングドアとした、左右非対称の構成。

回答表示板

クイズ番組などで回答者が掲げる表示板は、裏表で意味を非対称に違えておけば、1つの表示板ですむ。

高速エンジンのクランク軸受

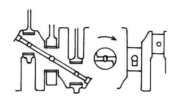

クランク軸外周からのオイル流入は、遠心力による油圧よりも大きくする必要があるため、高回転になるとフリクションが増大する。そのためクランク軸外周に、回転によるラム圧を利用したガイド溝を設けることで必要油圧を低下させることができる。

自動車のヘッドライト

対向車のドライバーを幻惑しないように、ロービームでは右側ライトの照射を下向きにしている

二輪車用V型4気筒エンジン

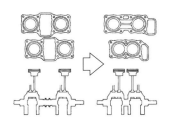

シリンダを前後に配置したV型4気筒エンジンの後気筒のコンロッドを内側に配置し、前気筒のコンロッドを外側に配置すると、前気筒と後気筒とで非対称となり生産性は低下するが、乗車時の膝の開きを小さくできる。

5 組合せ原理

扇風機のファン

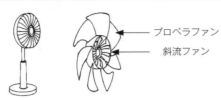

直線的な風を送るプロペラファンと、広がる風を生む斜流ファンを組み合わせた扇風機。

幼児を乗せられる買い物カート

スーパーの買い物カートは、買う物と幼児を同時に乗せられるので、店内での子供の行方に気をつかうことなく安心して買い物できる。

太さの異なるマーカー

1本の軸の両端に太さの異なるペン先を備えたマーカー。使わない方はキャップをする。

GPS付き時計

腕時計にGPS装置を搭載し、ランニングで走った距離やスピードを記録することができる。さらに、脈拍計も搭載すると走行中の心拍も表示でき、心拍トレーニングができる。

セット販売

調理に必要な材料を一緒にまとめておくと、いちいち探す手間なく揃えることができる。

髭剃りセット

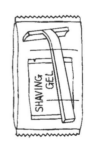

ホテルなどに置かれている髭剃りセットは、使い捨てのかみそりと、1回分のシェービングジェルの組み合わせで、「高価な長寿命より安価な短寿命の原理」と「分割原理」であるが、それを組み合わせてセットにすることで清潔に使用できる。

トラックの親子リーフスプリング

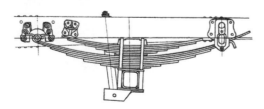

トラックは積載時と空車時の荷重の違いが大きいので、衝撃緩衝作用の緩和が必要であるため、メインスプリングを柔らかめにして空車時の衝撃を吸収し、積載時には補助スプリングと両方で荷重を支える。

サイクロン付きエアクリーナ

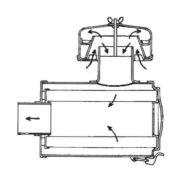

建設車両など多塵地域で使用されるエンジンのエアクリーナは、遠心力によって大きな埃を除去するサイクロン式サブクリーナを備える。

①同一のあるいは類似した物体をより密接にまとめる、または組み合わせる。
②同一のあるいは類似した物体を組み立てて並列動作を遂行するようにする。
③作業を隣接または並行させる。同一時間内にまとめる。

ミニバンのテールゲート

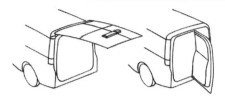

跳ね上げ式テールゲートに横開きドアを組み合わせ、後部にスペースのない場所でも出入り可能とした、ミニバンのテールゲート。

重連運転

急勾配区間で機関車の牽引力を増加させるため、連結して運転される。

クッション材付き封筒

内側にスポンジやプチプチなどクッション材を貼り付けた封筒は、内容物を衝撃から保護する。

2段不等ピッチバルブスプリング

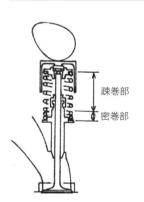

エンジンの高回転化に伴って、バルブスプリングの固有振動数に近い回転数で運転されると、バルブスプリングのサージングが発生する。サージングが発生するとスプリングが自励振動して応力が増加するため、折損する危険がある。
2段不等ピッチスプリングは、密巻部と疎巻部のピッチの異なる巻部を有していて、取り付け時に密巻部が密着して、疎巻部が作動する設計になっていてサージングを防ぐ。
サージングが発生すると、密着部が離れることによって巻き数が変わり、固有振動数が変化するため、サージングを抑えることができる。

ふた付きちりとり

ふたと取っ手を付けたちりとりは、ゴミを集めるときにちりとりを置くと自動でふたが開き、取っ手を持って下げるとふたが閉まってゴミが飛び出ることがない。

発電機の並列運転

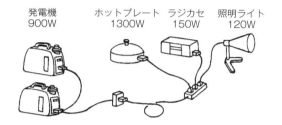

発電機＝900×2＝1800W
使用器具＝1300＋150＋120＝1570W

2つのエンジン発電機を並列運転すると、2倍の出力の電気が取り出せる。

ハイブリッド過給

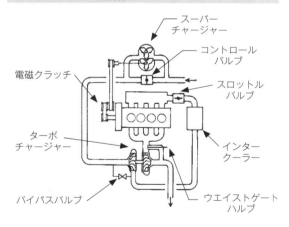

燃費改善のために排気量を小さくして、出力を補うために過給する方法が採られるが、ターボでは低回転でアクセルを開けた時の遅れのない性能向上効果が得られにくい。
そのため、機械的な駆動によるスーパーチャージャを備え、低回転の中・高負荷領域を補うハイブリッド過給が用いられる。
広い範囲で高性能が得られ、過給の必要のない市街地などでは小排気量化による燃費向上ができる。

6 汎用性原理

多機能防災ラジオ

防災用の多機能ラジオは
① AM/FM ラジオ
② LED ライト
③ 携帯電話充電コネクタ
④ 時計
⑤ 手巻き充電器
などの機能を備えている。

浴室換気乾燥機

浴室に温風吹き出し機能を設け、浴室で衣類の乾燥を可能とした。

FAX 付き電話機

ファクシミリが一体となった電話機は、通信機能が向上し便利である。

牛丼店と居酒屋

牛丼店が昼間が主体の食事に夕方からの居酒屋の要素を加えて、ビールやおつまみを提供する業態。分離原理を用いて 1 階を牛丼、2 階を飲酒スペースとしている。

乾燥機能付き洗濯機

乾燥機が一体となった洗濯機は、洗濯物を乾燥機に移す手間をかけることなく、洗って乾かすまで自動で行われる。

携帯電話機

携帯電話機には、時刻表示機能やカメラ機能、電卓、スケジュール機能など、多くの機能が搭載されている。

クレーン車

トラックにクレーンを架装したクレーン車は、クレーンの吊り上げ作業の現場に自走して移動できるので機動性が高い。

事務用椅子

座面、背もたれに伸縮性のあるメッシュ材を用いて、通常用いるウレタンのクッションを廃止した事務用椅子。
通気性が良いので、長時間座っていても蒸れがなく快適。

V ベルトクラッチ

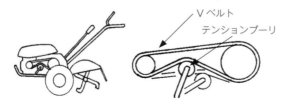

動力伝達用の V ベルトにテンションプーリを用いて押し付け位置を操作させると動力伝達を断続でき、V ベルトをクラッチとしても使用できる。

電車の電柱を使った送電

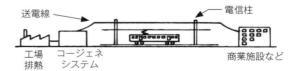

鉄道沿線の工場が発電した電気を、鉄道の電信柱を利用して送電線を架け、地元の家庭や商業ビルに送電する。建設費を抑えて低コストで送電できる。

①部品や物体に複数の機能を持たせ他の部品の必要をなくす。

フレームをオイルタンクにした二輪車

ドライサンプ式エンジンではオイルタンクをエンジンと別に備える必要があるが、車体フレームの一部を利用してオイルタンクとして利用した二輪車。飛行機の翼の内部を燃料タンクとして利用するのと同じ考え方。

ダイヤモンド型フレーム

二輪車のフレームの一部を廃止し、その部分にエンジンを組み付けることによって、エンジンをフレームの強度メンバーとして利用するようにした構成。

投光器用電源ケーブル

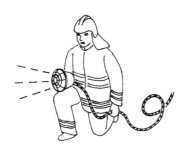

消防活動において、濃煙内の人命捜索は投光器を用い、発電機からの電源供給を受けて電源ケーブルを延長して使用する。
従来は、電源ケーブルと命綱（ロープ）を使用して、ロープの引張りによって合図していたが、ロープが障害物に引っかかると連絡できなくなるという問題があった。
そのため、電源ケーブルにポリアミド繊維を編み込んで引張り強度を持たせて命綱と兼用させ、投光器側と発電機側に表示灯とブザーで連絡を可能とした。また、暗所での被視認性向上のため黄色にし、さらに、蓄光剤を織り込んだゴムをストライプ状に配置したものが用いられている。

エンジンのモータによるアシスト

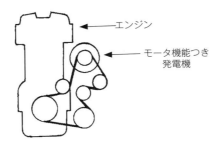

エンジンの発電機をモータとして使うハイブリッド方式。
減速時に発電機で専用バッテリに充電し、アイドリングストップからの再スタート時や発進加速時には、発電器をモータとして用いてエンジンの回転をアシストする。
これによって燃費を改善する。

ピストンリードバルブ方式2サイクルエンジン

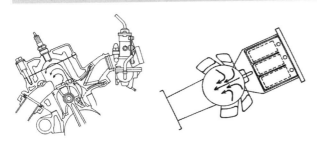

吸気通路にリードバルブを取り付け、吸気ポートの開く時期をピストンバルブに、閉じる時期をリードバルブに負わせた方式。
リードバルブで低速性能が向上でき、さらに吸気ポートに掃気ポートを設けて掃気ポートの機能を持たせて、掃気を確実にすることができ、高速性能が向上した。

7 入れ子原理

伸縮式アンテナ

使用する時には長く伸ばせて、収容する時には短くできる伸縮式アンテナ。釣竿やカメラ三脚なども同じ考え。

竹の子バネ

長方形の板を円錐状に巻いた竹の子バネは、小さなスペースで大荷重に対応できる。

スタッキングして保管する買い物カート

買い物カートは重ねて収容保管できるので、狭い場所に多くの台数のカートを収容できる。

給茶器の紙コップ

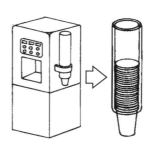

紙コップを重ねて収容して横に備え、省スペースと紙コップ補給の手間も少なくできている。

提灯

提灯（ちょうちん）は多数の竹ひごを筒状に組み、周囲に障子紙を貼った伸縮可能な構造で、中にろうそくを立てて、夜にこれを持って明かりとした。電気のなかった昔の懐中電灯で、不使用時はたたんで小さくできる。

2重構造ボトル

調味料などの容器としての2重構造ボトル。容器を変形させて押し出すと、内側ボトルは変形した形状を維持するので空気が入ってこず、酸化されにくいので風味が長持ちする。

シートアンダートレー

助手席シート下の空間を利用したもの入れは入れ子原理で、座席にトレーを付けた組み合わせ原理でもある。

ヘルメット収容スクータ

乗車時に必要なヘルメットをシート下に収容できるスクータ。駐車時にヘルメットの盗難に遭ったり、雨に濡れる心配がない。

①物体を別の物体の中に入れ、その物体をまた別の物体の中に入れる。
②ある部品が別の部品の空洞中を通過するようにする。

同軸ケーブル

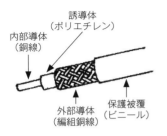

同軸ケーブルは導体が同心円状に配置されており電磁波の影響が少ないので、テレビのアンテナ用ケーブルやディスプレーケーブルなど、映像の伝送によく使用される。

金型

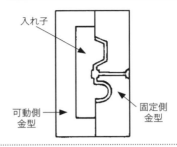

金型に凸形状がある場合、一体で加工すると材料取りの効率が悪くなる。そのため、凸となる製品形状を入れ子にして、材料歩留まりと加工性を向上させる。

系統図法

考え方を抽象的、概念的なレベルから次第に具体化していく系統図法は、階層化された構造であるため理解しやすい。会社の組織構造も、同じ入れ子構造になっている。

親和図法

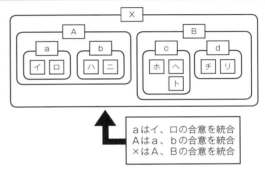

aはイ、ロの合意を統合
Aはa、bの合意を統合
×はA、Bの合意を統合

親和図法は、言語カードの持つ意味を、親和性によって情念で寄せてグループ化してまとめるため、上位の概念からの入れ子構造の形となる。

シリンダヘッドの締め付け

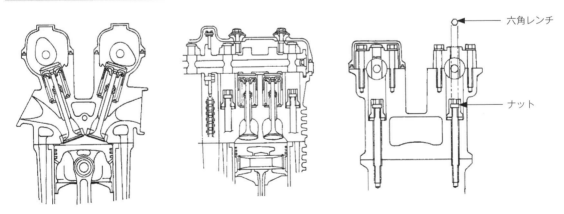

シリンダヘッドは、バルブやカムシャフトを組み付けたサブASSY状態としてシリンダブロックに取り付ける。しかし、小型エンジンでは、カムシャフトとシリンダヘッド締め付けボルトが干渉してしまう場合がある。
そのため、締め付けボルトの軸線上にカムシャフトを配置して、カムシャフトに締め付けのための六角レンチを挿入できる孔を開けた。ナットを先に落とし込んでおいてカムシャフトを取り付けたのち、カムシャフトの孔から六角レンチを通してナットを回して締め付ける。
これによって、直動式のバルブ駆動を用いたシリンダヘッドの小型化ができた。

8 つりあい原理

自動車のスポイラー

自動車のフロントスポイラーはボディの下に入り込む空気量を抑制し、高速での揚力を小さくする。リヤスポイラーはダウンフォースを得て、高速での安定を得る。

熱気球

熱気球は、熱膨張原理とつり合い原理を用いて、空気を熱することによって浮力を得て空中に浮きあがる。

浮き輪

浮き輪で浮力を大きくすると体が浮くので、沈まずに泳げる。

カメラスタビライザー

動画撮影時の手ブレを抑えるカメラスタビライザー。ハンドグリップ上部が支点となり、カメラと下部の重りがやじろべえの原理でバランスをとる。

水中翼船

水中翼船は航走時に抵抗を揚力に結びつけ、水面上に船体を持ち上げて滑走するので、浮力船では不可能な高速が可能となる。

駐車ブレーキ

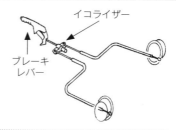

ブレーキレバーを引くと、イコライザーによって左右のケーブルに均等に力がかかる。

ケーブルカー

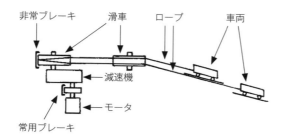

ケーブルカーは、滑車に巻き付けたロープの移動によって車両の上下運動を行う。

自転車のキャリパーブレーキ

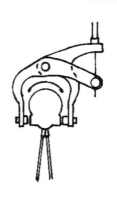

1本のブレーキワイヤーから左右のブレーキアームが同じ力でブレーキシューを挟むことができる。

①他の物体と組み合わせて持ち上げることで、物体の重さを補正する。
②空気力、流体の力、浮力、その他の力を利用するなどして、環境と相互作用させて、物体の重さを補正する。

重量物の吊上げ

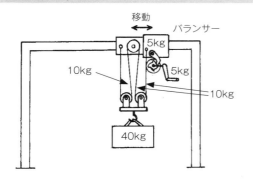

地面に置かれた重量物を吊り上げて移動するために、クレーンやホイストなどは設備が大掛かりとなる。
2つの動滑車と5Kgのバランサーを用いると、40Kgの重量物に対して5Kgの力を加えることで持ち上げることができるので、低コストで簡単に目的が達成できる。

自動で閉じる扉

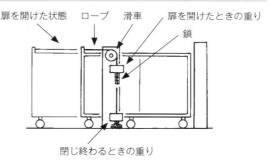

扉を開けると滑車につながっている重りが持ち上げられ、つりあい原理を用いて重りの重力エネルギーによって扉が右に動いて自動的に閉められるが、速く閉じるため重りを重くすると閉じ終わる際に門にぶつかり衝撃を発生する。そのためダイナミック性原理を用いて、鎖が地面に付くと重りの重量が減るようにするとゆっくり閉じることができる。

キャブレタのフロート

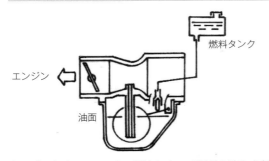

キャブレタは、フロートの浮力によって燃料の流入を制御するので、エンジン運転によって燃料流量が変化しても油面高さを一定に保つ。

正・逆転ロータリー

動力耕運機のロータリー耕うん作業においては、土壌の固さや耕深が増すと耕うん反力により機体の平衡がくずれ、ハンドルの跳び上がりが発生する。そのため、ロータリー耕うん軸を2重にして正転と逆転を行うようにして、耕うん反力を低減させた。

クランク回転反力のつりあい

クランク軸が進行方向に配置された大型二輪車では、クランクが横に回転するため、アクセル操作に伴うクランクの回転モーメントによる回転反力によって、車両が左右に揺れることがあり、ライダーに不安感を与える場合がある。そのため、クランクから増速して発電機を逆回転させるようにして、反力を低減した。

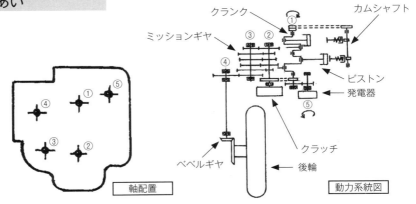

9 先取り反作用原理

すいか

食べる前にすいかに塩を振ることで、よりすいかの甘みを感じることができる。

ほたるスイッチ

ほたるスイッチは、スイッチOFF時に小さなスイッチが点灯して、暗闇でスイッチの場所を知らせる。スイッチON時には消灯。

文字盤の蓄光

文字盤の蓄光剤は明るいうちに蓄光しておいて、暗くなったときに発光して見えるようにしている。

ぜんまい玩具自動車

チョロQは、デフォルメされた寸詰まりの車体を後方に押し戻してぜんまいを巻き、放すと思いがけないダッシュ力を発揮して人気を得た。

スプレー缶

スプレー缶は薬剤にガスの圧力を加えて封入しておき、ガスと一緒に薬剤を噴出させて使用する。

ジャンプ傘

ジャンプ傘はボタンを押すと、スプリングの力によって自動で傘が開く。

コードリール

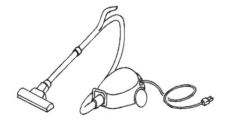

掃除機のコードリールにはスプリングを仕込んであり、コードを引き出した際にスプリングを巻き込むので、しまうときにコードを自動で収容できる。

キノコの炊き込みご飯

きのこの炊き込みご飯をおいしく炊くには、事前にきのこを冷凍し、さらに水に氷を入れて炊く。きのこを冷凍すると、水分で細胞を破壊するのでうまみ成分が出やすくなる。氷を入れて炊くと沸騰するまでの時間が増すので、コメが水分を吸うためふっくらと炊ける。

①有用な効果と有害な影響を同時にもたらす動作を遂行する必要がある場合は、有害な動作を後で反作用に置き換えて、影響を制御する。
②物体中に予め応力を発生させておき、後に発生する不要な動作応力に対して対抗する。

PCコンクリート（Pre stressed Concrete）

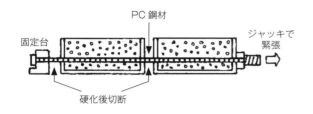

コンクリートは引張りによって亀裂を発生するため、コンクリートの内部に圧縮力を加えて、梁が曲がった場合に生じる引張力を相殺し、コンクリートの欠点を補う。
PC鋼材（高強度鋼材）を事前に引っ張っておいて、そこに型枠を作って鉄筋を組み立て、コンクリートを流し込み、コンクリートが固まるまで緊張したままで、固まったらPC鋼材を切断して鋼材が縮もうとする圧縮力を与える。

鋼管の小R曲げ

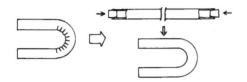

薄肉の鋼管を小Rで曲げると、曲げの内側に圧縮応力が発生するためシワが発生してしまう。
そのため、内部に圧力をかけて密栓して引張り応力を加えた状態で曲げると、シワを発生することなく、断面も円に近い高品質で曲げることができる。

エンジンのクランクシャフト

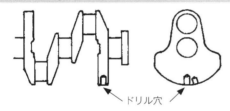

エンジンのクランクシャフトは、カウンターウェイトにアンバランス重量を付けることによってバランス量を決めているが、クランクシャフトは鍛造で製造されるためバラツキが生じる。
そのため、少し多めにアンバランス量が得られるような設計値としておき、加工時にバランスを測定して、反対側からドリルで穴をあけて調整する。

シリンダの締め付けホーニング

シリンダヘッドはシリンダブロックにボルトで締め付けて取り付けられる。シリンダブロックはアルミであるため、ボルトの軸力で引っ張られることによってシリンダボアが変形する。
この変形を考慮して加工すれば、シリンダヘッドを締め付けたときにボアが真円に保たれることになる。
そのため、ダミーヘッドを取り付けてシリンダ内径のホーニング加工をする、締め付けホーニングが行われる。

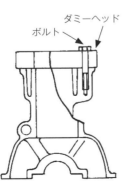

二輪車のシフトペダル

二輪車はマニュアルミッションの操作をシフトペダルによって行い、シフトペダルの踏み込み、あるいは蹴り上げ操作によって順次シフトアップして行く。
そのため、ペダルを操作した後にスプリングによって元の位置に戻って、次のシフト操作ができるようにしている。

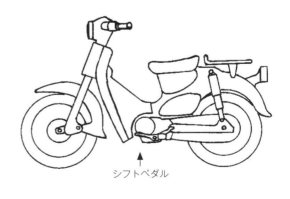

10 先取り作用原理

ユニットバス

かつて、ホテルの建設で、タイル張りなどのため最も工期を要していた浴室の工事。ユニットバスとして一体として製造し、運び込んで組み付けるようにして、大幅に工期を短縮した。

封筒、切手

封筒には、封をするときに前もって折り目がつけてあるとまっすぐ折ることができ、さらに、糊が付けられているものもある。
また、切手はミシン目によって切り離しが容易にでき、裏に糊が付いているのでそのまま貼ることができる。

タックインデックス

本や資料の端にタックインデックスをつけておくと、見たいページを即座に開くことが可能。
使う時に引き出しやすいように、セロテープを引き伸ばして切り口にくっ付けておくのも同じ考え方。

ポンチ打ち

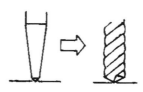

ボール盤で穴あけ加工する際は、ポンチで工作物に凹みを付けておくと、ドリル先端が滑って位置が狂うことがなく、正確に穴あけできる。

ホットプレート

調理中に焼肉の油や焼きかすを集めるコーナーポケットを設け、調理後は取り外して洗えるようになった。

電気ポット

お湯を必要とするときにすぐに使えるように、常時沸かしておく電気ポット。
連続性原理を用いて常時高温を維持しており、その温度を保つためにフィードバック原理を用いている。

計量カップ

料理の時に用いる軽量カップには、簡単に軽量できるよう、目盛りが設けられている。

郵便受け

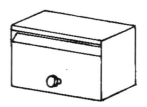

郵便物や新聞などを受け取るために、どの家庭にも郵便受けが設置されている。

袋入り食品の開封口

袋入り食品には、強度のある袋材であっても手で容易に開封できるように、端面をギザギザにしたり切り口を設けたりしてある。

リヤワイパー

フロントワイパーを作動させてリバースにシフトすると、リヤワイパーが自動で作動して、後方の視界を確保する。

①物体に対して必要な変更の一部またはすべてを事前に行う。
②最も便利な場所から動作を遂行できるように物体を予め準備して、動作の遂行にムダな時間がかからないようにする。

リフロー式はんだ付け

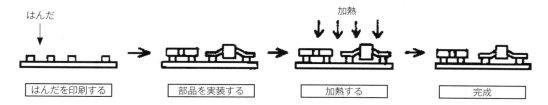

プリント配線基板に印刷したクリームはんだと呼ばれるペースト状のはんだの上に部品を搭載し、加熱してはんだを溶かし、はんだ付けする。

箱の折りたたみ

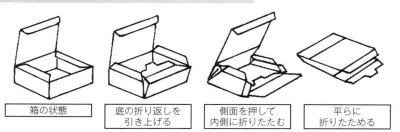

小型の段ボール箱には、再利用のための折りたたみが容易にできるよう、引き出しのタブや折り曲げ線を初めから設けてあるものがある。

アイドリングストップ用CVT

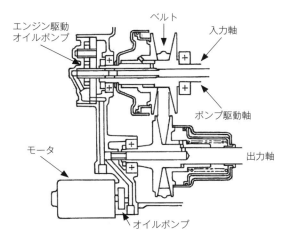

CVTは、ベルトとプーリを油圧で加圧して、摩擦力によって動力伝達する。

アイドリングストップでエンジンが停止すると、CVTのオイルポンプも停止するため油圧が低下し、エンジンが再始動した際に油圧上昇が遅れて発進できるまでの時間が長くなってしまう。

このため、アイドリングストップすると、モータ駆動のオイルポンプを回転させて油圧を確保しておき、再始動後の即発進を可能としている。

自動車のインパネ

助手席用エアバッグはインパネ部に収容されているので、衝突時にインパネから飛び出す必要がある。

従来はエアバッグのフタが設けられていたが、外観上エアバッグのフタをなくしてインパネ一体となったものは、エアバッグが容易に飛び出せるようにするため、インパネ裏側に溝を形成してある。

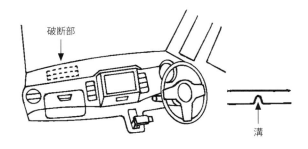

71

発明原理事例

11 事前保護原理

京都嵐山　渡月橋の流木止め

橋の景観のため、細い円柱の橋脚を狭い間隔で並べた嵐山の渡月橋は、流木が引っかかりやすく、洪水で橋が流されやすかった。
そのため、橋脚の手前に流木止めを立てて、橋脚への直撃を避けるようにした。2013年の台風18号による桂川の濁流に耐え、橋の流失を防いだ。

シートベルト

自動車のシートベルトは、緊急時に身体を拘束してハンドルやガラスとの衝突を防止する。

パンタグラフの防音壁

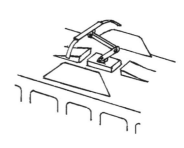

新幹線のパンタグラフは、高速で走行するため騒音を発生する。遠くまで騒音が届くのを防ぐため、防音壁が設けられている。

屋根の雪止め

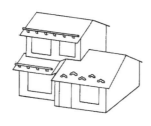

屋根の雪が気温の上昇によって融け、屋根から滑り落ちるのを防ぐために雪止めが設けられる。
雪止めがないと落ちてきた雪に埋まったり、車や車庫などを壊してしまう場合がある。

チャイルドロック

ガス着火器は幼児が着火して事故を起こすことがないよう、チャイルドロックが設けられている。自動車のリヤドアも内部からの不用意な開きを防ぐため、チャイルドロックが備えられる。

使い捨て注射器

予防注射など、多数の接種での使いまわしによる感染のリスクから保護するため、「高価な長寿命より安価な短寿命の原理」を利用して、使い捨ての注射器が使用される。

お薬手帳

薬の服用履歴や既往症などの情報を記載し、医師や薬剤師が患者がどのような薬を使っているかを確認し、飲み合わせや副作用を防ぐために用いられる。

①緊急手段を予め準備しておいて、物体の比較的低い信頼性を補正する。

監視カメラ

監視カメラは、人の不在時やブラインドであっても常時画像を記録しておけるので、犯罪の抑止力となる。

洗濯ネット

生地が傷みやすいものや絡みやすいものなどを洗濯する時は、洗濯ネットに入れて洗うことで衣服を保護する。

トイレの洗浄

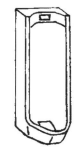

使用後に自動で水を流すトイレは機械的システム代替原理を利用しているが、事前保護原理によって、洗浄やつまり防止のため、使用していない時でも自動的に水が流れる。

クリアファイル

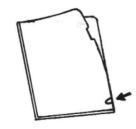

開いた際に貼り合わせた縁を剥がれにくくするため、切り込みを設けてある。

スペアタイヤ

パンクによる走行不能に備えて装備したスペアタイヤ。客船に備える非常用ボートも同じ考え方で、シャープペンに予備の芯を備えておくのも同じ考え方。

ブレーキの2系統配管

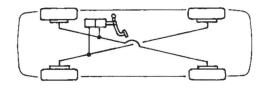

自動車のブレーキは、配管を2系統の独立した油圧システムにして、1つの系統が故障しても、残りの系統で最低限のブレーキがかかるようにしている。

ゲートプロテクター

軽トラックなどのゲート越しの積み下ろし作業で、ゲートや荷物の傷つきを防止するため、ゲートプロテクターとしてゲート上面にゴムが貼られている。
また、長尺ものを乗せたときのガードフレームの傷つき防止のため、ガードフレーム上面にガードプロテクタとしてゴムが貼られている。

12 等ポテンシャル原理

掘りごたつ式座敷

座敷に直接座ると腰に負担がかかるし、テーブルに椅子では宴会で落ち着かない。
掘りごたつ式に床を下げると、楽な姿勢で座敷に座れる。

荷台スロープ

荷台にスロープを設けると、重い荷物も楽に積み込める。スロープは階段よりも上下の移動がスムーズ。

トラックの積み下ろしスロープ

トラックへの荷物の積み降ろしに際して、路面を下げて荷台の高さを積み降ろし側と同じにすると、搬入、搬出が容易になる。

渡り廊下

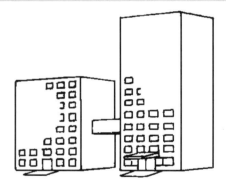

渡り廊下はビル間の水平移動を可能とし、いちいち1階まで降りなくてすみ移動が楽にできる。

電車の床とホーム

電車の床とホームは高さが同じになっているので、乗り降りしやすくなっている。

エスカレータ

エスカレータは、乗るときと降りるときのステップの高さが床と同じに揃えてあるため、乗り降りしやすい。

①ポテンシャル場中では、限界位置が変化する作業条件を変化させて、物体を重力場中で上下させる必要性を除外する。

食堂のトレー供給装置

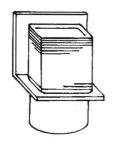

社員食堂などでは、自分でトレーを持って食品を載せるようになっているが、トレーの量に関わらずスプリングによって上端のトレーの高さを一定にして、並ぶ順番に関係なく取り出しやすくしている。

ダンプトラック

ダンプトラックは、ダイナミック性原理と等ポテンシャル原理を用いて、荷台を傾けることによって荷降ろし作業の効率化を図っている。

掘り下げ式整備用ピット

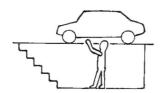

掘り下げ式整備用ピットは、自動車の下まわりの整備を効率よく行え、ジャッキやリフトで車両を持ち上げて作業するよりも安全で作業性が良い。

スポーツ飲料

運動による発汗によって失われた水分やミネラル分を効率よく補給するために、体液にほぼ等しい浸透圧で胃腸に負担をかけないように配慮されている。

スイッチバック

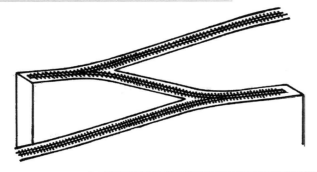

列車が急な山を上がるために、途中で一旦平らな面を設けて、そこから折り返して方向を変えて上がっていくようにした。

代金の支払い

購入した物品の支払いには、現金のほかに郵便振込みや代金引換などの方法があるが、支払方法が違っても同じ金額で購入できる。

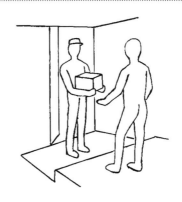

13 逆発想原理

冷蔵庫コンプレッサの配置

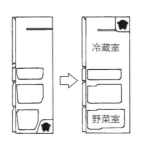

従来、下にあったコンプレッサを上段の奥に配置した。
これにより、大型冷蔵庫でも最上段の奥の食品の出し入れがしやすくなり、最下段の野菜室のスペースを広げることができた。

リユース業

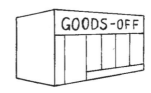

リユース業は、家電やパソコン、ブランド品や書籍、DVDなど、処理費のかかるものを買い取り、再販売する。商品を使った人から買い取ることで仕入れする、従来と逆のルートの販売の仕方。

エスカレータ

階段を上がるのでなく、階段が動いて人を移動させるようになったエスカレータ。
動く舗道も同じ考え方。

スライサー・おろし金

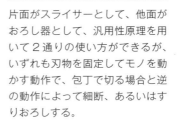 

片面がスライサーとして、他面がおろし器として、汎用性原理を用いて2通りの使い方ができるが、いずれも刃物を固定してモノを動かす動作で、包丁で切る場合と逆の動作によって細断、あるいはすりおろしする。

回転寿司

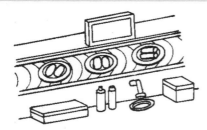

回転寿司は、注文しなくても次々に寿司が供給されてくる連続性原理で、そこから欲しいものだけを取ればよく、かつ種類によって原価は違っても単価が均一というアバウト原理で、従来の寿司屋とは反対のシステム。

3輪型乗り物

 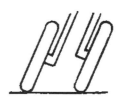

スクータ型3輪は後2輪が一般的であるが、デフなど後輪の左右回転差を許容する装置が必要であった。これを前2輪として、左右の段差は左右のクッションが独立して吸収すると、簡単な構成で2輪にない安定性が得られる。

エンジンオイルの交換

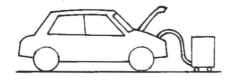

エンジンオイルを交換する際、ドレンボルトを外して抜くのではなくレベルゲージの筒からポンプで吸い出すと、簡単で汚れもなく作業できる。

柱の背割り

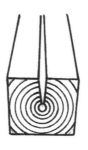

木は辺材部と芯材部で水分が異なるので、乾燥すると放射状の割れが発生する。そのため、割れが入る前にわざと背割りを入れ、木の内部からの乾燥を促し均等に乾燥させて、他の面に割れが入るのを防いでいる。

①物体を冷却する代わりに加熱するというように逆にする。
②可動部分や外部環境を固定したり固定部分を可動する。
③物体やプロセスを「逆さま」にする。

しつけ用おむつ

おむつが取れる年齢の子供におしっこのしつけをするため、出した後の気持ち悪さをあえて強く感じるようにした紙おむつ。

バルバスバウ（球状船首）

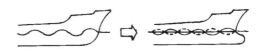

船首が作る波と水面下の球が作る波とが打ち消し合い、波を小さくして造波抵抗を低減する

サファリパーク

サファリパークは、通常の動物園と逆に動物を放し飼いにして、人が自動車（檻の中）から園内を巡る。

鋳鉄ピストン

ピストンは比重の小さいアルミが用いられるが、ディーゼルエンジンのピストンをアルミから鋳鉄にすると、強度が大きいため薄肉にでき小型化できるので、同一高さのシリンダブロックではストロークアップでき、出力向上が図れる。

吹き抜け燃料の再吸入によるHCの低減

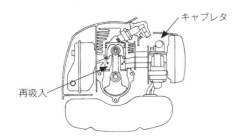

2サイクルエンジンは、新気によって既燃ガスを追い出し、既燃ガスと新気との入れ替えを行う掃気工程があるため、排気ポートに新気が吹き抜けたり、下死点からのピストン上昇で押し出されるため、排気ガス中のHCの排出量が多い。そのため、上死点近くで排気ポートとクランク室とを連通するようにして、排気ポートに吹き抜けた燃料をクランク室に再吸入して排気ガスの低減を図るようにした。
排気ポートとクランク室は、常にピストンでシールするものであるという従来と逆の考え。

排気管の後方配置

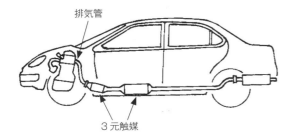

排気ガス浄化のために、排気を後方に出してすぐ近くの触媒に接続するようにした。触媒までの距離も短縮でき、走行風で冷却されることがなく、触媒の早期活性化を可能とできる。

船外機プロペラのシャーピン

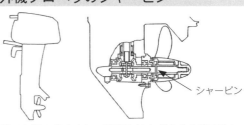

船外機で舟艇の航走中に、浅瀬や杭など水中の障害物にプロペラが衝突し、ダメージを負うと修理や交換には金額がかさむ。
そのため、シャーピンを設けて、衝撃が加わった場合にはシャーピンが折損し、プロペラや駆動系にダメージが生じないようにしている。わざと弱い部分を設けた設計。

14 曲面原理

蚊取り線香

蚊取り線香は、長い線香を渦巻き状にしてあるのでコンパクトで扱いやすく、長時間の使用を可能としている。また、2つを互いの溝に嵌め込むことによって保管スペースを小さくできている。

糸巻き

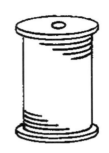

伸ばすととても長い糸でも、糸巻きに巻きつけることでコンパクトに収納できる。魚釣りの釣り糸のリールや、散水用ホースのリール、電気掃除機のコードリールなども同じ。

刃がカーブしたはさみ

はさみは手前側が最も力が入るが、刃が開くので厚いものを切るとすべって逃げてしまう。そのため、切り始めから切り終わりまで30度になるよう刃をカーブさせた。

ミキサーのカッター

曲面原理と分割原理を用いて、カッターに波形状を持たせたのこぎり刃は、野菜や果物の食物繊維を細かく引き切って撹拌し、舌触りを滑らかにする。

曲がった哺乳びん

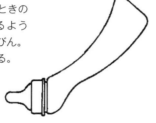

赤ちゃんが母乳を飲むときの姿勢でミルクが飲めるように、本体を曲げた哺乳びん。赤ちゃんの誤嚥が防げる。

ボールジョイント

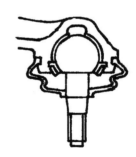

自動車のフロントサスペンションのナックルジョイントは、上下と左右方向に動けるようにボールジョイントが用いられる。

ライフリング(線条)

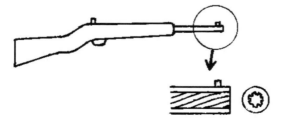

銃砲の砲身内に施された螺旋状の溝。この溝で、銃身内で加速される弾丸に螺旋運動を与えて、ジャイロ効果によって弾軸の安定化を図り直進性を高める。

ダクタイル鋳鉄

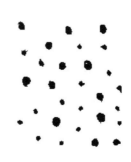

一般の鋳鉄は片状の黒鉛で応力が集中するので脆いが、ダクタイル鋳鉄(球状黒鉛鋳鉄)は、鋳鉄組織中の黒鉛を球状にして応力集中を防ぎ、強度や延性を改良している。

①直線状の部品、表面、形を使用する代わりに、曲線状のものを使用する。平坦な表面を球面にする。
②ローラ、球、螺旋、ドームを使用する。
③直線運動を回転運動に変更し、遠心力を利用する。

ラウンドアバウト

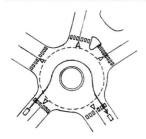

信号の要らないロータリー式交差点。中央の円形地帯に沿った環状道路を車両が時計回りに進み、目的の出口道路に抜け出る。社会システムの例。

螺旋階段

螺旋階段は上から見ると円形で、回転しながら上昇あるいは下降する構造のため場所を取らないので、非常階段に用いられる。

電車の架線

電車の架線は、パンタグラフのすり板の片べりをなくし摩耗を均一にするため、平面視で曲げて架けられている。

レベルゲージ

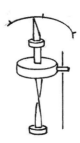

液面の高さで上下するフロートの浮力によって、よじったリボンを回動させて液面レベルを表示する。

等速ジョイント

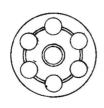
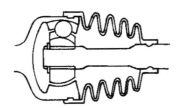

等速ジョイントは、駆動側と従動側が球の中心を同一にして回転するので、軸芯の角度が違っても常に同じ角速度で回転できる。

遠心鋳造

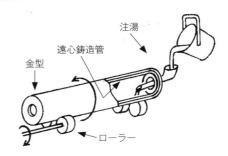

回転している金型内に溶けた湯を注入し、遠心力によって張りつけて凝固させる。
真円で均一な肉厚となり、緻密な組織の機械的強度の高いパイプが得られる。

排気管の曲げ

排気管には、エンジンの性能上から必要な長さがある。一方、車両の操縦性からは重量物であるマフラを車両の重心近くに配置したいため、排気管を短くしたい。
そのため、排気管を途中で左右に曲げてから後方に導くことで、長さを確保しながらマフラを前方に配置可能なようにした。

15 ダイナミック性原理

蛇腹付きストロー

蛇腹を折り曲げることができるので、頭を下げなくてもストローから飲みやすい。

旅行用カバン

旅行用かばんは、ハンドルを押し込んで置いておき、ハンドルを伸ばして引いて歩くことができる。

シャッター

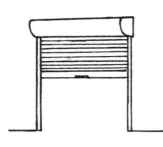

細長い何枚もの部材をすだれのように連結してあるので、引き出して戸にでき、枠体に巻き込んで小さなスペースに収容できる。

シェーバーヘッド

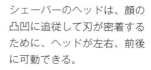

シェーバーのヘッドは、顔の凸凹に追従して刃が密着するために、ヘッドが左右、前後に可動できる。

電車の座席

電車の座席は、進行方向に向いて、あるいは向かい合わせに座ることができるよう、座席全体を回転させたり、背もたれの向きを前後に変えられる。

ハードロックナット

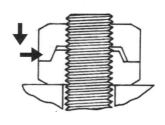

一方のナットに芯をずらした凸テーパ加工をし、もう一方のナットに凹テーパ加工を行う。凸凹ナットを締め付けると凸テーパの変形によって食い込み、強力な緩み止めができる。

背負い式刈払機

フレキシブルケーブル

背負い式刈払機は、エンジンと竿とをフレキシブルケーブルでつないでいるので、カッターを左右だけでなく前後にも動かして作業できる。

ベビーカー

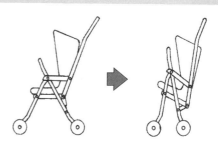

ベビーカーは、電車内への持ち込みや、クルマのトランクに収容が可能になるよう、折りたたんで容積を小さくできる。

①物体の特性、外部環境、プロセスを変更して、あるいは変更するように設計して、最適にする。または最適の作業時用件を見出す。②互いに相対的に運動できるように物体を部分に分割する。③物体またはプロセスが不動あるいは不変である場合は、可動にするかまたは適応性を高くするする。

動く看板

通常、屋外看板はネオンなど色彩の変化はあっても動作は静止しているが、これを可動にして、昼間でもより目立つようにした例。

圧力計

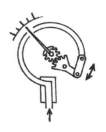

楕円形など扁平な断面の薄い金属管の一端を閉じて円弧状にしておき、圧力によってまっすぐになろうと変位する自由端の動きで圧力を測定する。

小形自動車のリヤシート

シートの座面の前半分を引っ張り上げて後部に折り返すことで、ジュニアシートとして座面を高くでき、小さい子供でも通常の位置でシートベルトを着用できる。

扇子

扇子は折り畳むとコンパクトで携帯しやすく、拡げて使用する際には竹などの薄い骨がたわむので楽にあおぐことができる。

二輪車のターンシグナルランプ

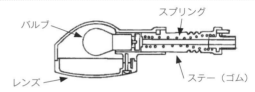

二輪車のターンシグナルランプ（方向指示灯）は、路面からの衝撃やエンジンの振動などでバルブ切れが発生しやすかった。このため、ステーをゴム製にして可撓性を持たせて、共振点を使用域より下げて振動低減を可能とした。

ハーモニックドライブ

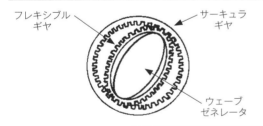

ハーモニックドライブは、フレキシブルギヤがウェーブジェネレータにより楕円形にたわめられ、長軸の部分でサーキュラギヤと噛みあっている。
サーキュラギヤを固定しウェーブジェネレータ（入力）を回転すると、フレキシブルギヤは弾性変形しサーキュラギヤとフレキシブルギヤの歯数差分だけ噛みあいが順次移動していくため、高減速比が得られる。

フレキシブルフライホイール

燃焼圧力と往復慣性力によって発生するクランクの曲げ振動を低減するため、フレキシブルフライホイールが用いられる。
フレキシブルプレートによって、回転方向に剛く、曲げ方向に柔らかくして共振を回避することができ、加速時の騒音が低減される。

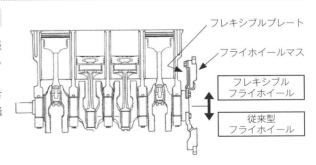

81

16 アバウト原理

封筒、葉書の郵便料金

宛先が違うと距離が違うので輸送費が異なるにもかかわらず、日本中で同じ金額の切手を貼ればよい。
同様に、100円均一の店は買う品物が違っても、同じ100円で購入できる。

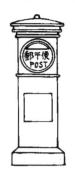

バレル研磨

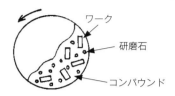

バレルと呼ばれる研磨槽内にワークと研磨石、コンパウンド、水を入れ、回転や振動を与えて相互摩擦作用によってバリ取りやメッキ下地処理などを行う。小さな凹部や部分的な研磨はできない。

福袋

新年の福袋は、袋に入っている内容は知らされないが、金額的にお得であるという期待感から人気がある。

ベルトの穴

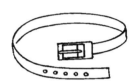

ベルトの穴は数センチのピッチで設けられているため、衣服の厚さなどで腹回りが変化しても細かく調整できない。

牛丼の盛り付け

牛丼は米飯や肉が一度ですくわれて盛り付けされるが、大体同じ量であると納得している。

Tシャツのサイズ

Tシャツのサイズは S-M-L などと大きく分類されていて、必ずしも万人の体型にぴったり合うわけではない。

タッピンネジ

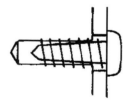

何度も締めたり緩めたりする必要がない場合は、タッピンネジを用いると下孔を開けるだけで締め付け固定できる。

酒の量り売り

グラスの量だけ均一に一杯に注ぐのは大変であるが、枡を用意して少し多めに注げば簡単で、文句の出ないように注げる。

よろず相談

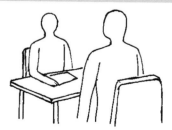

中小・小規模事業所の支援事業として、中小企業庁が各都道府県に設置した施策。
売上げ拡大支援や金融機関からの融資、マーケティング、販売先開拓など、あらゆる相談をワンストップで行える。
どこに相談すればよいか、窓口を考えなくてすむ。

①指定された解決法で 100% の効果を獲得するのが困難な時は、同じ解決法でその程度を「もう少し小さく」または「もう少し大きく」する。これにより問題をかなり容易に解決できることがある。

バイキング形式料理

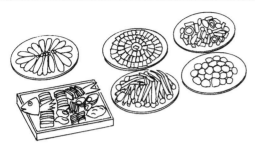

価格は同じでありながら、どの料理でも好きなだけ選べるバイキング形式は、好きなものを選択するの楽しみがあるので、味と量以外にお客の満足が広がる。

溝付きピン

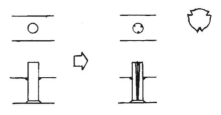

細いピンを圧入する場合、締め代の公差範囲が小さくなるため穴の加工精度が必要となる。
溝付きピンを用いると、ピンの部分的に盛り上がった部分が締まりあうので精度を必要とせず、穴の加工が容易となる。

パレート図

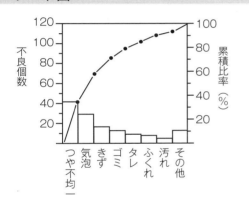

あらゆる問題に対策するのではなく、重要な問題に対策する方が効率的である。パレート図は重点とする問題を可視化できる。

ディッピング塗装

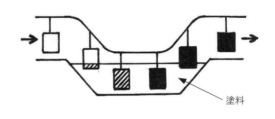

塗装するものを、塗料の入ったタンクに漬けて塗装する。塗料のタレが出やすく膜厚が不均一になりやすいが、凹部や合わせ部にも塗料を乗せることができる。

2サイクルエンジンの吸気リードバルブ

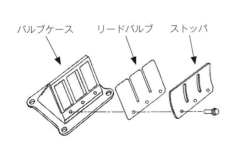
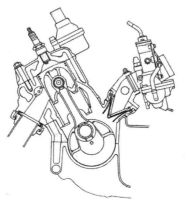

2サイクルエンジンの吸気制御に用いられるリードバルブは、0.2mm 程度の厚さのステンレス板を圧力によって自動的に開閉させるもので、自動弁として簡単であるが高速回転での追従性、着座時の衝撃による耐久性、吸気の抵抗による性能など、ちょっと考えても作動の確実さに多くの疑問が生じる。
しかし、実際には問題なく作動し、二輪車では主流となりレース用エンジンにも用いられた。

17 他次元移行原理

キャリアカー

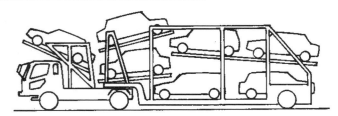

キャリアカーは一度に多くの車両を運搬するため、傾けたり重ねて配置したりして積載している。

電車の網棚

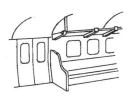

電車の座席と天井との間に荷物を置くために配置されている網棚は、航空機でも同様の考え方で座席の上部に手荷物を収容するようになっている。

跨線橋駅

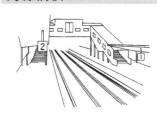

線路をまたいで立体交差化した橋上に設置された駅舎。

タイヤラック

タイヤを横にして重ねて積むと変形しやすく、くずれやすい。
タイヤラックは種類の異なるタイヤも上下に配置するので、タイヤを変形させずに小さなスペースで収容できる。

二階建てバス

2階建てバスは、一両当たりの床面積を増やして乗車定員を増やしており、2階座席の展望が良いという魅力も得られる。

螺旋状の空気配管

工場でエアブローに使うための空気配管は、作業性を向上するため作業場所までの伸長が可能なように、螺旋状に巻かれている。
電話機コードも同様の考え方。

ハニカム構造

ハニカム構造は、強度をあまり損なわずに材料を減らせる大きな効果がある。アルミやアラミド繊維のハニカムがレーシングマシンなどに使用される。

ランナーの除去

異種材料を順次射出成型する場合、ランナーが多くなり、完成品としてランナーを除去するのが面倒である。そのため、一次ランナーに二次ランナーとなる溝を形成する型構造として、一次、二次ランナーが重なっている状態で一括して除去できるようにした。（特許2908839号）

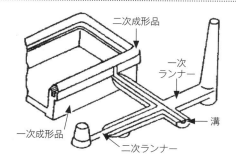

①物体を二次元または三次元空間内で移動する。
②物体を単層でなく多層に配置する。
③物体を傾けたり方向を変えたり、横向きに置いたりする。
④指定された領域の「反対側」を利用する。

点字ブロック

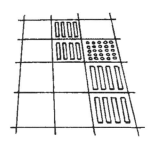

地面や床に敷設されたタイルあるいはブロックは、視覚障害者が杖の感覚で認識できるように、表面に突起が設けられている。
また、健常者が見て認識できるように、変色利用原理を用いて黄色に塗装されている。

ダイニングの椅子

掃除ロボットで掃除するとき、ダイニングテーブルの下にある椅子の脚がぶつかり、掃除が困難となる。そのため、ダイナミック性原理を用いて背もたれを水平に倒して、他次元移行原理でテーブルに引っ掛ける。椅子の脚が浮いてロボットより高くなり、ぶつからずに掃除できる。

バスのエンジン冷却ラジエータ

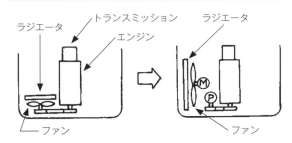

リヤエンジン配置であるバスは、エンジン冷却のラジエータをエンジンの横に配置して、ファンをベルトで駆動する方式が主である。
これに対し、ラジエータを縦に配置すると客室スペースに影響せず、ラジエータを大型化できる。ファンの駆動には油圧ポンプと油圧モータを用いて電子制御することによって、エンジン回転と直結しない静かな駆動ができる。

二輪車エンジンのキャブレタ配置

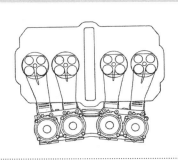
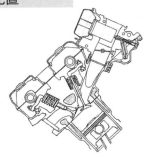

二輪車は気筒ごとにキャブレタが備えられ、シリンダの後方に配置されているため、4気筒などキャブレタの幅が広くなると乗車時に燃料タンクを挟む際に脚の邪魔になる場合がある。
このため、キャブレタのピッチをシリンダよりも狭くしてハの字形に配置し、ゴムを介して取り付けた。

シリンダヘッドをねじって配置した二輪車用エンジン

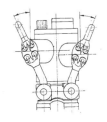
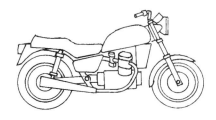

二輪車は膝を大きく開くことなく乗車できることが必要である。
クランク軸が進行方向に配置されたV型エンジンを備えると、キャブレタが脚の邪魔になる。
そのため、シリンダヘッドをねじって配置することによって、キャブレタの左右ピッチ短縮を可能にして、乗車姿勢に問題がないようにした。

18 機械的振動原理

インパクトレンチ

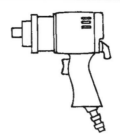

インパクトレンチは、アンビルにハンマーで衝撃を加えることによって、大きなトルクでネジを回すことができる。

ハンマードリル

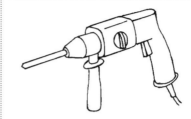

回転するドリルに打撃を加えることで、硬い金属の穴あけや、タイルやコンクリートの破砕なども可能となる。

AED(自動体外式除細動器)

AEDは、けいれんし、血液を送り出す機能を失った状態の心臓に対し、電気ショックを与えて心肺停止状態の患者を救う。

携帯電話機のバイブレータ

携帯電話機はマナーモードの設定で、メロディに代えて振動で着信を知らせる。

ミキサー

ミキサーは、かき混ぜて泡立てることによって食品材料を簡単に混ぜ合わせることができる。

パーツフィーダー

小物部品を整列させて供給するパーツフィーダーは、進行方向に振動を加えることによってわずかずつ部品を移動させて送り出す。

超音波洗浄機

眼鏡の洗浄などに用いられる超音波洗浄機は、超音波によって発生する気泡が、次の瞬間につぶれて衝撃を発生することによって、汚れを剥がしやすくなり、短時間で清浄にできる。

超音波モータ

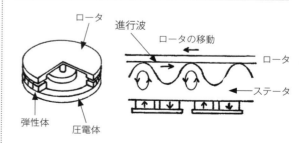

圧電セラミックの振動によって櫛歯状弾性体のステータの表面に楕円運動による進行波が発生し、そのためロータは逆向きに移動する。ステータとロータを円にして動力を取り出せるようにしたものが超音波モータ。

①物体を振動させる。
②振動数を超音波になる程度まで増大させる。
③物体の共振振動を利用する。
④機械的振動ではなく圧電振動を使用する。
⑤超音波振動と電磁界振動を組み合わせて使用する。

超音波溶着

超音波溶着は、熱可塑性樹脂を微細な超音波振動と加圧力を加えて瞬時に溶融し接合する。
電気信号を、ピエゾ素子を用いて機械的エネルギーに変換し、その振動エネルギーをホーンと呼ばれる共鳴体を用いてパーツに伝達すると、パーツに強力な摩擦熱が発生する。

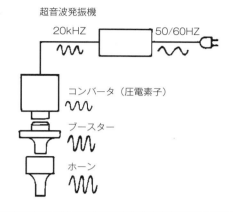

掃除機フィルターの除塵

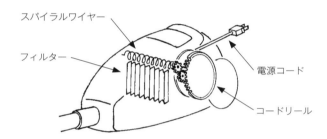

電源コードを引き出すと、コードリールによってスパイラルワイヤーがフィルターを振動させるので、付着したチリをダストケースに落とし、掃除機の吸引力を維持することができる。

振動発電

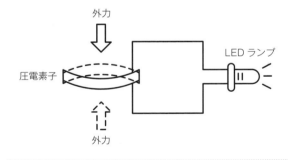

振動発電は、人が歩行する時の床の振動や、自動車が通過する時の路面の振動による動きを、電磁誘導や圧電素子によって電力に変換する。LED照明における電気エネルギーを不要とできる。

圧電式ノックセンサー

エンジン燃焼室のノッキング発生を検出するためのノックセンサー。
ノッキングが発生すると、シリンダブロック壁面に伝播する振動が通常燃焼時と異なるため、その振動で圧電素子を共振させて得られる出力を検出する。

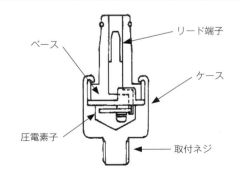

19 周期的作用原理

縄跳び

縄跳びは、縄を一定回転で回すことで、周期的に連続して跳び抜けることができる。

洗濯機の運転

洗濯機は汚れ落としのために強い水流を発生させるが、洗濯物のからみを防止しながらムラなく汚れを落とすことが必要である。そのために、パルセータの回転を周期的に反転させたり、小刻みに動かしたりするよう制御している。

扇風機の運転

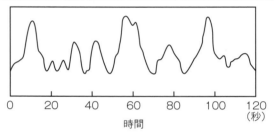

出典：東芝扇風機カタログ

扇風機は、単に風を送るだけでなく心地よい風を当てるよう、1サイクル120秒で自然に吹く風のようなパターンで、風の強さを制御しているものがある。

エアブロー

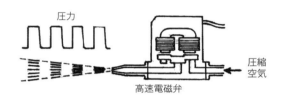

工場で製品や機器の清浄などにエアブローが行われる。圧縮空気を高速電磁弁で断続して吹き付けると、引き剥がし効果によって、連続流の場合よりも短時間で清浄作用が得られる。また、圧縮空気の使用量も半減する。

シャワートイレの水流

トイレの洗浄機能アップのため、連続流れでなく水の玉で噴射するやり方。
1秒間に7回以上、強い吐水と弱い吐水を繰り返して、水の玉を飛ばす。これによって洗浄機能を向上し、水量を1/2程度にできる。

クオーツ時計

水晶は圧電体であり、交流電圧をかけると一定の周期で規則的に振動する。これを利用して、1秒で1回の電気信号に変換してステップモータによって時針の速度を調整している。

定期健診

定期的に健診を受けることで、体調の変化がわかるとともに、病気の早期発見が期待できる。

振り子時計

振り子時計は、振り子の等時性（一定の周期で振れる性質）を利用している。

①連続的な動作の代わりに、周期的または脈動的動作を利用する。
②動作がすでに周期的になっていれば、周期の程度や頻度を変更する。
③インパルスの間の一時停止を利用して、別の動作を遂行する。

パトカーの赤色灯

パトカーの赤色灯は、周期的な点滅をさせることにより、常時点灯よりも目立ちやすくしている。

灯台

灯台は、夜間には光源に前置されたレンズを回転させて、周期的に明滅する光によって、航行する船舶が場所を識別する目印としている。

マッサージ機

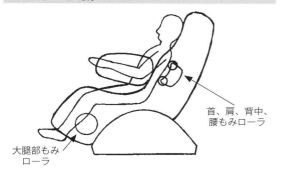

マッサージ機は、叩いたり揉んだり、周期的刺激を加えて、気持ちよく体をほぐす。

春夏秋冬

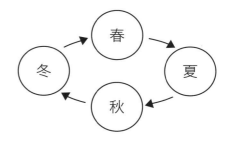

1年は365日の周期で、季節も春夏秋冬と周期で変化する。少し長い目でとらえてみると問題解決のヒントが見えるかも。

タイヤローラ

アスファルトは路面の耐久性を高めるために深くまで締め固めることが必要である。
タイヤローラーは、タイヤの固有振動数と加える振動数とを一致させることによって、深くまで締め固めができる。

パイプ材の整列供給

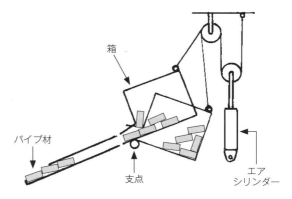

パイプ材を入れた箱を斜めに持ち上げて、漏斗の出口からパイプ材を滑り出させる。
箱が斜めに下がるとパイプ材が出口から戻るので、出口の詰まりがなくなり、次の持ち上げでパイプ材が滑り出て行く。

20 連続性原理

ミキサー車

生コンは静止すると固まるので、運搬中は常に撹拌する必要がある。
ミキサー車はドラムを回転させ、「曲面原理」を用いて螺旋状に配置されたブレードによって生コンを撹拌する。

内燃エンジン

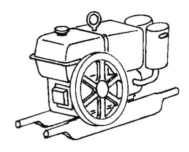

エンジンは２回転の間に吸入－圧縮－爆発－排気のサイクルを行うが、動力を発生するのは爆発行程だけなので、はずみ車によって回転を滑らかにして、低回転でも連続的に安定して回転するようにしている。

電気丸のこ

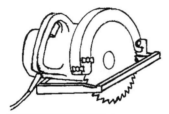

電気丸のこは、モータで丸のこを回転させることで、板を連続して切断することができる。

グラインダー

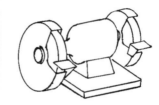

グラインダーは、研削砥石を回転させて、砥粒によって加工物を少しずつ削り取る。砥粒が次々と連続して削るので、硬い金属も削ることができる。

トイレットペーパー

トイレットペーパーは、ロール状に連続して巻いてあるので必要な長さを取り出しやすい。

ステープラーの針

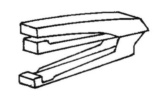

ステープラーの針は、バネによって押し出されて連続的に打てるようになっている。

コンビニエンスストア

24時間連続営業のコンビニエンスストアは、いつでも利用できるので利便性が高い。

順送プレス

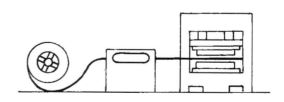

複数の工程を単一の金型一面で分離せず均等ピッチで配置し、送り装置で機械１回転ごとに１ピッチ送り、次の工程へと順次送り加工する、最も生産性の高いプレス工法。

①作業を連続的に遂行する。物体のすべての部分が常に最大負荷で動作するようにする。
②遊休状態あるいは断続的な動作や作業をすべてなくす。

自転車の空気入れ

空気入れに高圧タンクを取り付けることで、チューブに連続的に空気が入るので楽に空気が入れられる。

シーム溶接

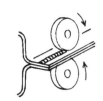

シーム溶接は、ローラ電極を用いて加圧しながら大電流を流して抵抗熱によって加熱して、回転させながら連続的に溶接する。

CVT（Continuance Variable Transmission）

LOW

TOP

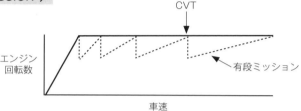

CVTはVベルトを挟んだプーリを軸方法にスライドさせて、ベルト径を変化させて連続的に変速する。そのため、有段ミッションのような変速でのエンジン回転の低下がなく、最大馬力を使って走行できるので素早い加速が得られる。

照明の減光方法

事務所などで間引き消灯して省電力化する場合、瞬時に消灯すると不快感を与える。
そのため、各々の照明器具を32段階以上のステップで5秒以上かけて消灯すると減光が気にならない。
（特許2687571号）

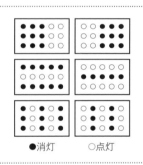

●消灯　○点灯

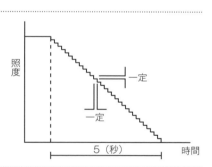

ギヤのノンバックラッシュ機構

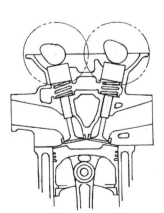

エンジンのカムシャフトには、カムの上り側ではバルブスプリングを圧縮するための駆動トルクが発生し、降り側ではバルブスプリングでカムが回される逆駆動トルクが発生する。
吸気と排気のカム軸間が短いエンジンで互いをギヤ駆動すると、それぞれのカム軸が発生する変動トルクによって、ギヤのガタ音が発生する。
そのため、シザーズギヤを用いてスプリングでギヤを挟み込んでノンバックラッシュとし、変動トルク以上のトルクを持たせるようにした。ギヤの回転がガタ音なく連続駆動される。

21 高速実行原理

高温瞬間殺菌処理

牛乳の殺菌方法として、栄養や性質、味や色などの変化を最少とするような、たとえば72℃～75℃で15秒間の熱処理を加える方法。

みそ汁

風味のあるおいしいみそ汁は、味噌の酵母菌をなくさないように、最後に溶いて加える。味噌を加えてから煮立たせない。

かつおの土佐造り

新鮮な鰹を皮のまま、強火で表面だけ軽くあぶるように火を通し、氷水で急速に冷やす。鰹の皮を焼いて柔らかくして食べやすくすると同時に鰹の生臭みも取れ、身を刺身のままで味わえる。

エンジンのオイル冷却

エンジンのクランクやコンロッド軸受は、高温で高荷重のため大量のオイルを供給して軸受の温度上昇を抑えている。また、熱によるピストンの損傷を防ぐためオイルを吹き付けて冷却している。いずれも大量のオイルを供給することでオイル温度の上昇を少なくし、劣化や蒸発を抑えている。

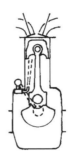

アイロンがけ

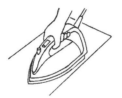

衣服のしわを伸ばしたり折り目をつけるためのアイロンがけは、高温のアイロンを滑らせて、生地が傷まない短時間だけ熱を加える。

玉ねぎの切断

涙を出さずに玉ねぎを切るには、玉ねぎを冷蔵庫で冷やした後、よく研いだ包丁でスパッと切る。細胞を壊さずに切るので、目や鼻を刺激して涙を出す硫化アリルの発生が抑えられる。

まき割り

まき割りは、高速で斧を振り下ろすことで、斧がまきの途中まで割り入ったところでパカッと左右に割れ、楽に割ることができる。

映画

映画は、1秒間に24枚の静止画を間欠的に送って再生するので、残像現象によって物の動きを連続的に見られる。

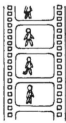

ショットピーニング

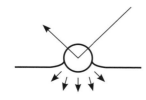

無数の鋼球を高速で吹き付けて金属表面に衝突させ、加工硬化と金属組織の変態を生じさせて、疲労強度や耐摩耗性を向上する。

エンジン燃焼室のスキッシュ

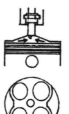

ピストン上死点で燃焼室との隙間が小さくなる個所を設けて、混合気を圧縮して噴出させると、燃焼を速めてノッキングしにくくできる。

①破壊的、有害、あるいは危険な作業などのプロセスや段階を高速で実行する。

急速冷凍

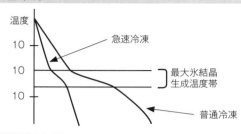

食品を冷凍して保存する際、－1℃～－5℃の間の最大氷結晶生成温度帯を短時間で通過すると、細胞損傷を抑えて解凍した際に水分や栄養が細胞の外にもれ出すドリップ現象を抑えて、変色や変質を防ぐことができる。さらに瞬間冷凍では、振動を加えて過冷却状態から表面も中味も一気に凍らせる。

圧電素子によるレンズ駆動

ズームのためにカメラレンズを移動させる方法。作動は
①圧電素子の片側を固定して、他側にレンズを緩く留めておく。
②電圧をゆっくりかけると素子が伸びて、乗ったレンズも一緒に移動する。
③電圧を急激に下げると、素子は縮むがレンズは元の位置に留まる。
「だるま落とし」の原理で、1回の移動量はわずかでも1秒間に10万回以上の動作によって短時間にズームが可能。モータ駆動に比べて小型化できる。

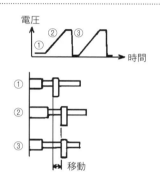

ロータリー式芝刈機

ロータリー式芝刈機は、高速でカッターを回転させて（歩行型のものはエンジンと同じ回転数）繊維の多い芝を叩き切るように切断する。
カッターの後端は翼のように立ち上がり、送風によって芝を排出すると同時にカッティングデッキ外周から空気を吸い込み、芝を立たせる作用もしている。

FS（Fracture Splitting）コンロッド

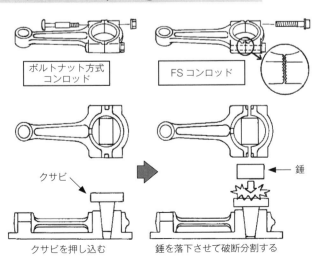

燃費改善のため摩擦を低減しようと軸受け面積を減らしてくると、軸受けの真円度を保証することが重要になる。
従来は、合面を加工してリーマボルトでキャップと位置合わせをしていたが、どうしてもずれが発生する。
そのため、カチ割り方式と呼ばれる、破断分割方式が採用されている。
衝撃によって強制的に破断させるもので、破断面でロッドとキャップがぴったり合うので精度の高い位置決めが可能になり、組み付けの真円度が向上する。また、ナットが不要になるので軽量化も図れる。

22 災い転じて福となすの原理

干し柿

渋柿の皮をむき風通しの良いところで乾燥すると、渋柿のタンニンが変化して渋が抜け、甘い干し柿となる。甘柿を干し柿にしても渋柿ほどには甘くならない。

ジーンズのひざ当て

長期間の使用でひざの部分が擦り切れたジーンズは、ひざ当てで補修すればみすぼらしく感じることはなく、逆にファッションとして受け入れてもらえる。

予防接種

体内に抗体ができると罹患しにくくなるので、疾病に対する免疫をつけるため、予防接種は抗原物質（ワクチン）の取り込みを注射などによって行う。

雪まつり

雪が降る冬には観光客が少なくなるが、雪を利用して雪像や氷像を作り、他の催しも加えて一大イベントとして多くの観光客を集めている。

風力発電
強風地帯は、見方を変えて強風を資源であると考えると、風力発電に適した地域となる。

モルヒネ

モルヒネはアヘンから合成される麻薬であるが、疼痛を緩和する効果があるため、医療において使用される。

ポストイット

粘着力が弱くて失敗だった接着剤を、剥がして貼れる付箋として商品化した。

放射線療法
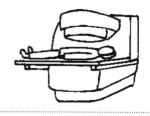
人体に有害な放射線をがん細胞に照射して、がん細胞を死滅させる治療法。高齢で体力のない患者にも行える。

ズリ山（夕張市）

炭鉱での石炭採掘時に不純物や商品にならない石炭を積み上げたズリ山（ボタ山）は、自然発火や崩落の危険のある産業廃棄物であった。これを現在の技術で分析すると、石炭として再利用できることが判明し、ズリを販売する収入と崩落危険除去の防災事業として活用でき、かつての負の遺産が宝の山と見込まれている。

①有害要因、特に環境や周囲条件の有害な影響を利用して、有益な効果を獲得する。
②主な有害要因を別の有害要因に追加して相殺し、問題を解決する。
③有害要因を、有害でなくなるまで増大させる。

焼酎かすリサイクル発電

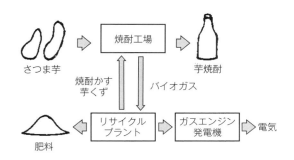

焼酎製造に伴う焼酎かすと芋くずからメタンガスを発生させ、ガスエンジンを回して発電する。バイオガスの一部は芋や米を蒸す蒸気ボイラの熱源とする。発酵後のかすは脱水して固形とし、畑の有機肥料としてさつま芋栽培に使う。

冷却器の霜を冷却に使う冷蔵庫

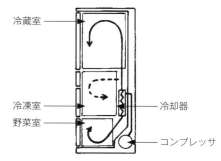

冷蔵庫は冷却器に霜が付着するため、ヒーターで霜取りしているのでこの分の電力を消費する。これに対し、コンプレッサ停止時に冷却器にファンで風を当てて冷気を発生させると、冷蔵室と野菜室を冷やしながら霜も溶かせるため、ヒーターの電力を軽減できる。

ワゴンセール

賞味期限がある生鮮食品など一定期間のうちに売り切りたいものや、季節を過ぎて売れ残った服など、タイムセールやバーゲンと称してワゴンセールで値下げ販売が行われる。値下げしても、集客効果と他の商品も同時に購入してもらう効果につながると、売上げ及び利益が増える。

2サイクルエンジンの自己着火運転

2サイクルエンジンは、アイドリングからスロットル全開まで、運転状態に関わらずシリンダ内のガス量は一定である。スロットル低開度の運転では、多量の高温の既燃ガス中に少量の新気が混ざるため、圧縮行程でさらに温度が上がると自己着火する場合がある。
ところが、この時は極めて回転変動が少ない滑らかな運転で、HC排出量も低減されることがわかった。
このため、積極的に自己着火を起こし運転範囲を拡大して安定した燃焼をさせるために、排気絞り弁を設けて圧力を制御する方法が採られた。

エンジンのラム圧過給

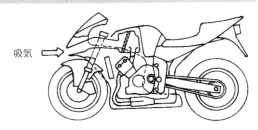

高速になると風圧による空気抵抗の割合が大きくなるが、それを風圧による過給として利用したもの。
吸気ダクトを前方に向けて開口させ、エアクリーナに接続する。高速での走行風圧によって吸気を加圧し、密度を上げることによってエンジンの出力が向上できる。

23 フィードバック原理

鍋物料理

鍋物は、材料の煮える時間を考えながら順に加えて、同時に食べごろになるようにしている。

炊飯の水加減

炊飯する米の量に応じた水の量を加減したり、かためか柔らかめかを好みで炊くために水量を調整している。

アイロン

アイロンは、生地によって調整した温度を維持するように、サーモスタットで制御している。
コタツやホットプレート、冷蔵庫なども同様。

回転すし皿の定時間撤去

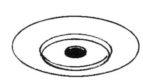

回転すしでお客に取られない商品皿を選別して取り出すのは困難である。そのため、皿の底部にICチップを取り付け、一定時間が経ったらレーンから外す。

電波時計

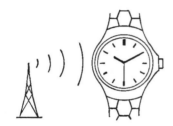

電波時計は、標準電波の送信局から送信される原子時計によるデジタル信号を受信し、自動的に時刻を修正する。

自転車のオートライト

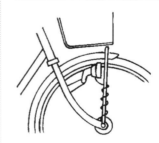

オートライトは、センサーが光を感知し、暗くなると自動でライトを点灯する。

電動ファンによる冷却

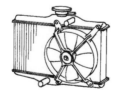

自動車は、渋滞などラジエタに当たる走行風が少ない場合、冷却水温度を検知して電動ファンで冷却する。所定の水温以下になるとファンを停止する。

PDCAサイクル

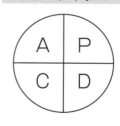

Plan, Do, Check, Action で示される、フィードバックする仕事の進め方は、分野に関わらず広く理解されている。

扇風機の風量制御

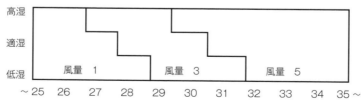

扇風機の高級モデルでは、部屋の温度と湿度に応じて風量を自動制御する。

出典：東芝扇風機カタログ

①前の状態を参照したり、クロスチェックするなどのフィードバックを導入して、プロセスや動作を改善する。
②すでにフィードバックを利用している場合は、その程度や影響度を変更する。

ガスレンジ

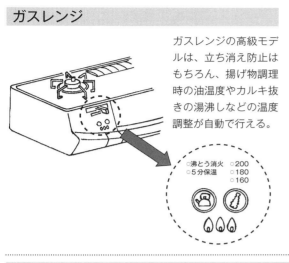

ガスレンジの高級モデルは、立ち消え防止はもちろん、揚げ物調理時の油温度やカルキ抜きの湯沸しなどの温度調整が自動で行える。

エンジンの冷却系

エンジンを最適な温度で運転するために、ラジエータに流れる水量調節弁としてサーモスタットが用いられている。センサーとアクチュエータを兼ねた最も簡単なフィードバックシステムである。

コンビニのPOS（Point Of Sales）による商品管理

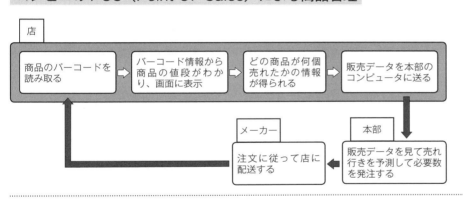

商品がいつ、いくつ売れたかの情報が刻々と入手でき、そのデータをもとに翌日の天気などから売上げ予測を行い、商品の入れ替えや発注数を決めて店に届ける。

エンジン回転数制御

汎用エンジンは、負荷が変化しても一定の回転数で運転できることが求められる。たとえば、発電機としての動力では、電気のヘルツを一定にする必要があるからである。
そのため、遠心ガバナを用いて、フライウェイトの開きでスロットルバルブの開閉制御を行って、回転数を一定にしている。

24 仲介原理

ペンキ塗りの刷毛、ローラー

ペンキを手塗りするためには、刷毛やローラーにペンキを含ませてから壁や床を塗る。刷毛やローラーは、容器から塗る面にペンキの移動を仲介する道具。

汗拭きハンカチ

汗をかいたときに、ハンカチに汗を吸収させると涼しくなる。汗はハンカチを介して発散される。手で汗をぬぐうのでは水の表面を広げるだけなので効果的でない。

ボールネジ

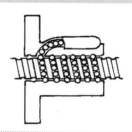

ボールネジはスクリューとナットの間にボールが入っており、回転に伴って移動するボールを連続的に循環させている。

線路のバラスト

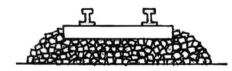

線路は、レールを取り付けた枕木にバラスト（砕石）を敷いて乗せて、列車の振動や騒音を低減している。

ボールペン

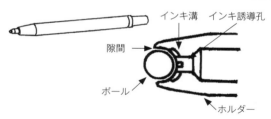

ボールペンは、紙との摩擦力でボールを回転させることによって、ホルダーとの隙間からボールに付着したインキを紙にくっつけている。

天敵を利用した害虫駆除

ハウス栽培におけるアブラムシ駆除として、生物農薬であるてんとう虫を利用する。農作物に影響を与えることなく駆除でき、害虫に化学農薬のような薬剤抵抗性を高めることがない。

排気ガス浄化用触媒

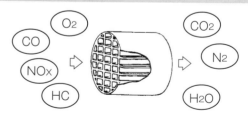

$CO + O_2 \rightarrow CO_2$
$HC + O_2 \rightarrow CO_2 + H_2O$ ｝ CO，HCの酸化反応
$NO + CO \rightarrow CO_2 + N_2$
$NO + HC \rightarrow CO_2 + H_2O + N_2$ ｝ NO_xの還元反応
$NO + H_2 \rightarrow H_2O + N_2$

エンジンの排気ガス浄化のために用いられる触媒は、担持した白金やパラジウムによって、それ自体は変化せずにガスの酸化反応や還元反応を行う。

セラミックと金属の接合

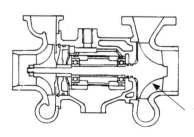

セラミックと金属は結晶構造が異なるため、接合性が悪い。このため、セラミックの表面にチタンベースのペーストを塗布し、メタライズと呼ばれる高温化で処理してチタンをセラミック中に拡散させ、表面に金属層を形成させる。これによってろう付けによる接合が可能となる。

①中間のキャリア物質または中間プロセスを利用する。
②ある物体を、簡単に除去できる他の物体と一時的に組み合わせる。

自動車ボディの塗装前処理

自動車ボディは塗装が重ね塗りされるが、防錆や塗膜の密着性を良くするため、事前に鋼板表面にリン酸塩などで化成処理された皮膜を作る。

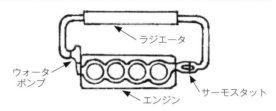

レトルト食品の温め

袋のままのレトルト食品は、お湯を介して加熱することで、均一に温めることができる。

エンジンの冷却水

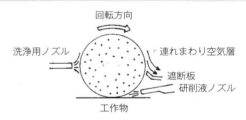

エンジンは、冷却水を循環させて冷却水に熱を伝え、冷却水をラジエータで放熱させることで冷却されている。

ワークの位置決め

傾斜を用いてワークを自重で送る装置では、ワーク同士が衝突すると打痕が発生するため、ワークに隙間を設けて止める必要がある。

そのため、シーソー型のストッパを仲介させて、ストッパの姿勢でワークの送り・停止を行う。

最下段のワークを取り出すと、一つずつ下に移動する。

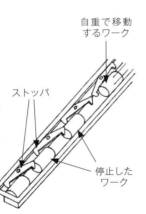

研削砥石の洗浄

研削作業は砥石が高速で回転しているので、外周面近傍では空気が連れまわりして、研削液を供給しても空気層に邪魔され、研削点に届かない場合がある。そのため、遮断板を用いて連れまわり空気層を遮断して研削液を供給するとともに、洗浄用ノズルから高圧で吹き付けて砥石面を洗浄する。砥石の目づまりが除去され、ドレッシングインターバルが延長できる。

アルミと鋼の摩擦接合

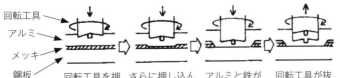

アルミと鉄を溶融させると接合面にもろい金属間化合物ができ、接合強度が得られないため、アルミと鉄の接合は難しかった。そのためにメッキ鋼板を用いる。回転工具の摩擦熱によって、融点の低い亜鉛のメッキ層を周囲に押し出し、塑性流動するアルミと鉄が直接接触することによって固層接合できる。

25 セルフサービス原理

いかだ

いかだは運搬する木材を組んで浮かべて流し河口の荷受場でバラすので、運搬のための他の要素が不要。

サイドミラーの水滴防止

酸化チタンの光触媒としての作用を利用して、鏡の表面の水滴防止や曇り防止、防汚の機能を自動的に行う。

太陽電池付き電卓
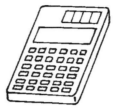
太陽電池付き電卓は、作動に必要な電力を自らまかなうので、電池など外部からのエネルギーを不要とできた。

エンジンのバルブ
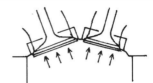
エンジンのバルブは、スプリングだけでなく爆発圧力でシートに押し付けられるので、シールが確実にできる。

カーヒーター
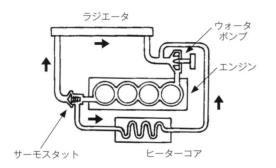
自動車の車内暖房ヒーターはエンジン冷却水を熱源としているので、特別な加熱装置を必要としない。

2次空気導入
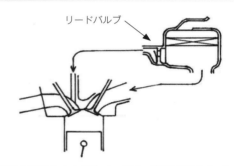
排気管内は排気吹き出し時の圧力で脈動が発生しているため、リードバルブを介して外気と接続すると排気ガス浄化の新気が導入できる。

紙ひも

紙ひもは薄紙をより合わせてあるので、元に戻る剛性を持っている。そのため、紙同士の摩擦力で形状を維持することができ、芯なしで最後の部分まで巻いた形状のまま使用できる。

アルミ製スプーン

アルミ製スプーンは、アルミの熱伝導によって手の体温をスプーンに伝えるので、凍ったアイスクリームの接触面を溶かして容易にすくうことができる。

ガスエンジンヒートポンプ
ガスエンジンヒートポンプは、室外機のコンプレッサをガス燃料のエンジンで駆動し、ヒートポンプによって空調を行うが、暖房ではエンジンの冷却や排気の熱を利用するので霜取りの必要がなく、強力な運転ができランニングコストが抑えられる。
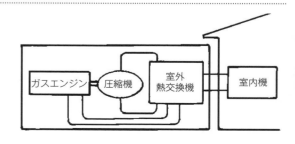

①補助的な支援機能を遂行して、物体がセルフサービスを行うようにする。
②廃棄資源、廃棄エネルギー、廃棄物質を利用する。

自動販売機飲料の冷却・加熱

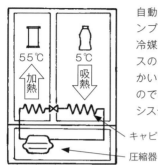

自動販売機では、ヒートポンプを用いて冷却のために冷媒を圧縮した高温高圧ガスの、熱交換器の放熱を暖かい飲料の加熱に利用するので、冷却と加熱が一つのシステムで同時に行われる。

発電する自動水栓

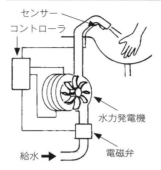

手を洗う時に使う水を利用して発電し、手を感知する赤外線センサーや吐水・止水の電磁弁のための電力を自給自足する水栓。発電された電気はコンデンサに蓄えられる。
電力がなくても自動水栓にできる。

ディスクブレーキパッドの隙間自動調整

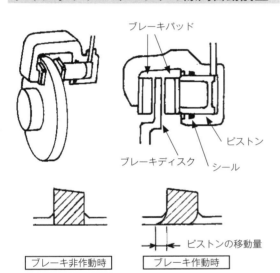

ディスクブレーキは油圧によってピストンを移動させて、ブレーキパッドをブレーキディスクに押し付けて制動する。ブレーキをかけていない時には、パッドとディスクには隙間を持たせる必要がある。そのため、ピストンには左右にスライドしながら油圧をシールする必要がある。
油圧がかかってピストンが移動すると、シールも一緒に変形しながらついていく。油圧がなくなりゴムの復元力で元に戻るとき、ピストンも一緒に引き戻す。
パッドが摩耗しても、その分だけピストンがシールを滑った後に密着するので、常にディスクとパッドの隙間は一定に保たれる。

同時給排換気扇

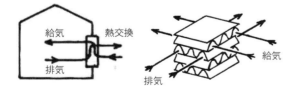

通常の換気扇は室内の空気を外に出すときに、一緒に熱も逃げてしまう。
それに対して同時給排換気扇は、室内の空気を排出する際に、熱交換しながら給気ファンで外気を取り入れる。上下仕切板の間に間隔板が配置された構成で、表・裏を流れる給気と排気の間で、混ざりあうことなく温度と湿度の交換を行う。

無人ヘリコプターによる薬剤散布

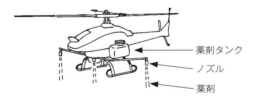

農作物に空中散布する薬剤の粒子は小さくて運動エネルギーも小さいため、周辺の気流に運ばれて、薬剤飛散（ドリフト）が生じる。
無人ヘリコプターでは、メインローターから発生する強力な吹き下ろし気流の中に薬剤を散布でき、かつ低空で飛行できるため、農作物に向けて効率的に薬剤を吹き付けることができる。

26 代替原理

カニ風味かまぼこ

カニ風味かまぼこは、スケトウダラを原料として、色や形、食感をカニの身に似せてある。

日焼けサロン

プールや海水浴場に行かなくても、健康的な日焼けした肌を人工的に得る。

写真

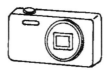

時間などの制約で実物を見るのが困難な場合は、写真を撮って代用する。レストランの料理メニューも同様な代替の考え方。

トランクルーム

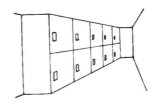

日常使用しないものを保管するという目的で、物置や倉庫の代わりのスペースに保管料を支払って利用される。

テレビ会議

離れた場所で会議を可能にするテレビ会議。
実物の映像と音声をコピーすることで、同じ場所で会議しているのと同等の効果を得る。

代行運転

代行運転は、自分のクルマを移動させることを、代わりに他人の運転でやってもらう。

運転免許証

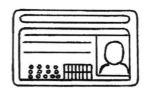

自動車運転免許証は、本人確認のための身分証明書としても用いられる。

筆ペン

筆ペンは墨をする面倒や筆を洗う手間がなく、キャップを外せばすぐ書けて、終わればキャップをするだけでよく、毛筆の代替として手軽に使える。

粉末冶金法

難削材部品を機械加工すると時間とコストがかさむ。これを粉末冶金法で成形すると、低コストで実現できる。

①利用しにくく高価で壊れやすい物体の代わりに、単純で安価なコピーを利用する。
②物体またはプロセスを、光学的にコピーしたものと置き換える。
③可視光学的コピーがすでに使用されている場合は、赤外線または紫外線コピーを使用する。

ひな人形

ひな人形は、江戸時代に、一生の災厄を人形に身代わりさせるという祭礼的な意味があったが、後に、武家子女の身分の高い女性の嫁入り道具として家財の意味も持った。

赤外線カメラによるソーラーパネルの点検

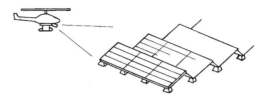

大規模太陽光発電所（メガソーラー）の点検を行うのは容易でない。
無人ヘリコプターに搭載した赤外線カメラによって、一定の温度よりも高い温度の太陽光パネルを検出することで、効率的に異常の有無を判断できる。

ナイロンコードカッター

刈払機作業において、金属製のカッターは破片が飛散して目に入る危険がある。
金属に替えて曲面原理による遠心力を用いて、ナイロンコードを高速で振り回して草を切断するナイロンコードカッターは、身体を傷つける危険がない。

のれん

のれんは店の商標としてだけでなく、店先にのれんが出ていると営業中であることを知らせており、情報を伝える役目もしている。

電子たばこ

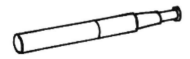

紙巻きたばこ状の筒の中に入れたカートリッジ内の液体を、バッテリで加熱して霧状にして吸入する。受動喫煙の心配がなくタールや一酸化炭素を発生しない。

修正液

紙に書いた文字などを上から塗りつぶして修正する修正液は、消しゴムや溶剤で消せない文字などを見えなくして、上書きを可能とする。

プレミアム商品券

国の地域振興策として、過去に行われた現金の支給でなく、商品券に替えた消費喚起策。購入した金額より高額の買い物ができる。差額は国が負担。

27 高価な長寿命より安価な短寿命の原理

使い捨てライター

ガス補充のための機能をなくしてシンプル化を図った、使い捨てライター。

使い捨てスリッパ

ホテルの部屋の中では靴を脱いでリラックスしたいが、他人の履いたスリッパでは抵抗がある。一日限りの使用でも、不織布の新しいスリッパがあるとうれしい。

フローリング用ワイパー

フローリングの細かなチリを拭き取る化学ぞうきんは、不織布の使い捨てで汚れたら取り替える。

換気扇カバー

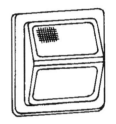

換気扇の油汚れを防止して掃除しやすくするため、取り付けられた換気扇カバー。フィルターの不織布が汚れると使い捨てで取り替える。

粘着式ごきぶり捕獲器

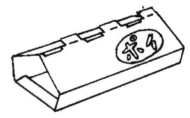

とりもち式ごきぶり捕獲器は、使い捨てのため手を汚すことなく、捕獲したごきぶりを清潔に処理できる。

シャンプーや液体洗剤の詰め替え容器

詰め替え容器で中味だけ販売することによって、プラスチック容器やポンプを繰り返し使える。

ランチョンマット

記念日やお祝いなど、お客の来店目的に合わせたランチョンマットはお客から好感を得られ、紙製であれば使い捨てできるので簡易である。

使い捨て食器

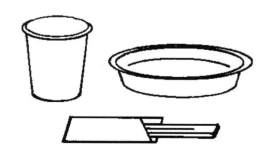

1回限りの使用が可能な例として、紙コップや紙のお皿、割りばしなどは、使い捨ての代表的な考えかた。

①寿命などのある属性を犠牲にして、高価な物体を多数の安価な物体に置き換える。

自動車シートの保護カバー

組立時や運搬での新車の汚れを防止するために、使い捨ての考えで、シートにビニールが被せられている。

ビールの缶パック

ビールの缶パックは、紙製で接着剤などを使用することなく、ビールを持ち運べる強度を有している。

カップ麺の容器

カップ麺の容器は、汎用性原理を用いて、麺などを収容する機能と、調理器の機能と、食器としての機能を備えることが求められながら、容易に廃棄できるための材料が用いられている。

使い捨てコンタクトレンズ

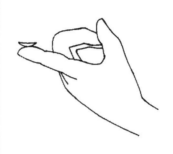

コンタクトレンズは、高い屈折率はもちろん、酸素の透過性や親水性、吸水性、傷つきにくさなどが求められるが、使い捨てのコンタクトレンズは、相反する要求に対応する一つの方法。

建機レンタル

建設機械は、すべての機械を揃えるには莫大な費用が必要となる。公共事業のコスト削減に伴って、投資を抑え経費で処理できる建機のレンタル需要が増えている。

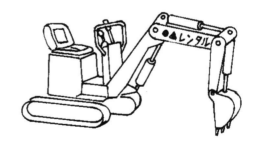

段ボールベッド

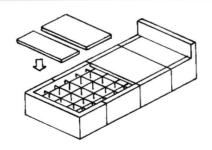

災害緊急時に、避難所となった体育館などの床に直接寝ると、硬く、冷たいだけでなく、振動や埃にも悩まされる。
段ボールを補強した組み立て式ベッドは、それらの問題を解消でき、低コストで持ち運びもできるとともに短時間で組み立てできる。
1回だけの使い捨てでなく使える強度がある。

28 機械的システム代替原理

タイヤのスリップサイン

タイヤの摩耗による交換時期を知らせるために、トレッドパターンの溝の一部を浅くして、溝がなくなったら交換時期であることを判断できる。

呼び出し端末

病院で患者に端末を渡し、診察の順番がきたら音で知らせる。「○○さーん」と声で呼び出すより確実で、周囲の静かさも保てる。

レーザーポインター

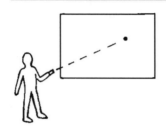

レーザーポインターは、差し棒に代わって光で場所を指し示す。

リモコン

テレビやエアコンは、リモコンを用いて離れた場所から運転制御できる。

電解研磨

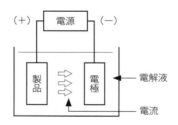

電気分解で金属陽極が溶解することを利用した研磨法。製品をプラス側にして電流を流すと、微視的凸部が優先的に溶解し、新たな薄い被膜を形成する。

自動改札機

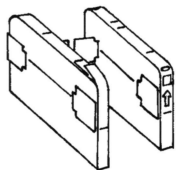

鉄道の切符やカードのデータを読み取り、自動で改札を行う。

ハンドドライヤー

ジェット流で水を吹き飛ばして手を乾かすハンドドライヤーは、ハンカチなどで手を拭く場合と比べて衛生的で、ペーパータオルのようなごみも出さない。

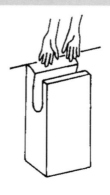

バーコードリーダー

バーコードは光学的な読み取りで、多数の商品の正確な識別を可能にした。

①機械的手段を工学、音響、味覚、臭覚などの知覚手段に置き換える。②電界、磁界、電磁界を利用して物体と相互作用させる。③固定フィールドから可動フィールドに、構造化されていないフィールドから構造化フィールドに変更する。④強磁性体のように、フィールドによって活性化される粒子とフィールドを組み合わせて利用する。

磁気軸受

回転軸を電磁石の力によって上下左右から引き付けて、空中に浮かせるようにした軸受。安定した芯出しのため軸位置をセンサーで検出し、基準位置になるよう電磁石に流れる電流が制御される。

放電加工

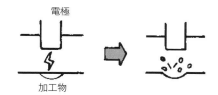

水や石油などの液体中で金属間に火花を発生させ、溶けた金属が急激に冷却され飛散すると残った部分は窪みができる。火花を数千回／秒飛ばして加工する。

光造形システム

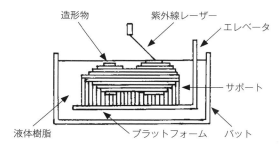

紫外線で硬化する液体樹脂に絞った紫外線ビームを選択的に照射して硬化させ、薄板を重ねたような断面形状を積み重ねることで形状を製作する。アンダーカットなどを考慮しないで、自由な形状が得られる。

磁気研磨法

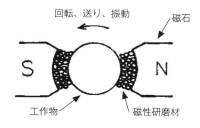

強力な磁界（N極とS極）の間に粒径の小さい（数十〜百数十μm）磁性研磨材を置き、磁気ブラシを形成して、加工物を回転、振動させて研磨する方法。
異型、曲面の内外の研磨が容易で、微小バリ取り、微小面取りや、鏡面仕上げが可能。

静電塗装

塗装工程で、塗料を吹き付ける側以外も均一に塗装できると効率的である。
そのため、静電塗装はスプレーガンと被塗装物との間に高電圧をかけて塗装する。
スプレーガンから出た塗料はマイナス極に帯電し、静電界に乗り、プラス極の被塗装物に引き付けられて側面や裏側に回り込み、片側からの吹付けで全周を塗装できる。

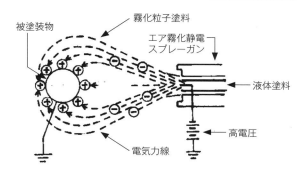

リニアモーターカー

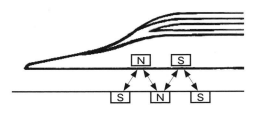

リニアモーターカーは、地上の推進コイルに電流を流すことにより磁界（S極、N極）が発生し、車両の超電導磁石との間に発生する引きあう力と反発する力によって推進する。

29 流体利用原理

鯉のぼり

鯉のぼりは、風を取り入れることで内部の圧力を高めて、胴体をふくらませて風に泳ぐ。

空気軸受

空気軸受は空気を潤滑剤とする。動圧軸受では軸の回転に伴って周辺の空気を誘い込み、圧力を上昇させて負荷能力を得る。

油圧ブレーキ

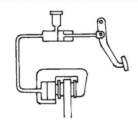

油圧ブレーキは、運転席から離れた前後輪に、配管した油圧によって力を加え、ピストン面積比による押し付け力でキャリパピストンに荷重を加える。

ペットボトルロケット

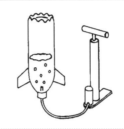

水を入れたペットボトルに空気を入れて、閉じ込められた空気圧と噴出する水の質量で運動量を作り出して推進する。

ハイドロフォーミング

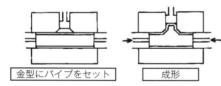

金型にセットしたパイプの両端に、内部から高い圧力を加えて膨出させ、型の形状に倣わせて成形する。
このとき、パイプ両端から軸圧縮し、膨出部に材料を供給すると板厚減少の少ない製品とできる。

脱穀もみの選別

コンバインは、脱穀したもみからわらくずを除去してもみだけを取り出す必要がある。
そのため、もみとわらくずを跳ね上げて空中に浮かせ、唐箕の風によって、軽いわらくずとの落下する距離の違いによって選別する。
途中に落下したものは、再選別して選別精度を上げている。

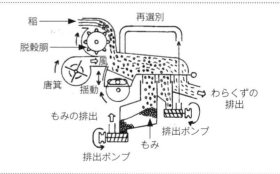

キャブレタ

エンジンのキャブレタは、吸入空気がベンチュリ部を流れる際の圧力低下を利用してノズルから燃料を吸い上げる。

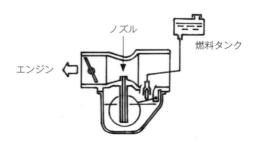

①膨張、液体充填、エアクッション、静水圧、流体反応など、物体の個体部分でなく気体または液体部分を使用する。

HLA（Hydraulic Lash Adjuster）

HLAはエンジン油圧によって、バルブ隙間をゼロにする装置。バルブがカムで押し下げられると、HLAの高圧室のボールによってオイルが閉じ込められ、プランジャの戻りを止める。バルブとの間に隙間ができるとスプリングによってプランジャが移動し、高圧室の圧力が下がるのでオイルが流入して隙間をゼロにするように追従する。

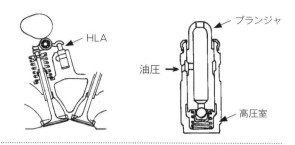

エアサスペンション

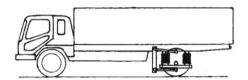

空気ばねを用いたエアサスペンションは、ばね上固有振動数を低く設定できるので、ソフトな乗り心地が得られ、荷いたみが少ない。

エゼクタを利用した冷凍サイクル

酷暑地域では、カーエアコンを利用した飲み物冷却のクールボックスのニーズが高い。空調の温度は10～20℃に対し、冷蔵には10℃以下が要求される。従来の電磁弁を設けて切り替える方式は、吹き出し温度が変動して快適性が低下する。エゼクタ方式は、ノズルに流入する高圧冷媒が減圧膨張する際、減圧後の圧力が流入部より低くなるため周囲から吸引するので、同時運転できる。

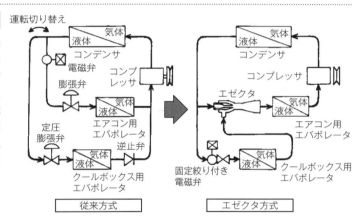

ビスカスカップリング

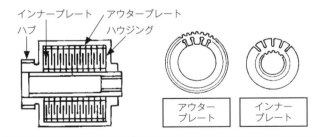

カーブでは前後輪の回転速度差が生じるため、4WD（4輪駆動）はどちらかがスリップしないと回れなくなる。ビスカスカップリングはアウタープレートとインナープレートが交互に配置され、その中に高粘度のシリコンオイルが充填された構成。駆動輪がスリップするとプレートとの回転差によるシリコンオイルの剪断抵抗によって、自動的に従動輪にトルクを伝達する。

低気圧吸引

重なった薄い紙を1枚ずつ取り出すのは容易でない。帽子形ツールの円筒の内周に沿って空気を流すと、つばの周囲から空気が流れ出て円筒の内周部は気圧が低くなるため、柔らかい紙を吸い付けることができる。真空ポンプを用いずに圧縮空気で負圧を作り出せる。

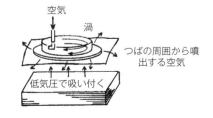

30 薄膜利用原理

餃子、春巻き

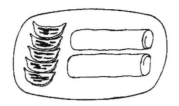

餃子や春巻きは、小麦粉の薄皮を用いて中に具材を包んでいるので、ジューシーな具材の味を楽しめる。

濡らしたしゃもじ

プラスチックのしゃもじは米飯がくっつきやすいが、しゃもじを濡らしておくと表面に薄い水の膜が形成されるので、米飯がくっつきにくい。

ラミネート加工

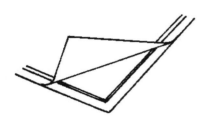

紙の表面に透明のフィルムを貼るラミネート加工は、色落ちや摩耗の防止など印刷物を保護し、高級感を増し、不正な改造を防止する。

表面保護フィルム

液晶画面の反射を抑えて見やすくし、傷や汚れから保護し、タッチを気持ちよくできるように貼るフィルム。

袋オブラート

粉薬を楽に飲むためにオブラートを用いる。薄膜利用原理に先取り作用原理、排除／再生原理を利用した袋オブラートは、三次元の形で薬を入れやすい上に薬をこぼさずに小さく折りたためるので、飲みやすい。

合わせガラス

自動車のフロントガラスに使われる合わせガラスは、徐冷されて強化されていない生板ガラスを、伸縮性のあるPVRフィルムで接着したもの。
衝突して衝撃を受けてもガラスが飛散することなく、中間膜により乗員が車外に放出されるのを防止できる。

電源プラグの電極

絶縁カバー

トラッキング火災防止のため、プラグの電極根本に絶縁カバーを装着した。
コンセントとの間に生じた隙間に埃が堆積し、湿気でリークして発火、火災に至る現象を防止する。

ティーバッグ

ティーバッグは分割原理によって一杯分の茶葉を分け、薄膜利用原理によって袋を通してお茶を抽出する。

①三次元構造の代わりに柔軟な殻や薄膜を利用する。
②柔軟な殻や薄膜を利用して、物体を外部環境から分離する。

泡消火器

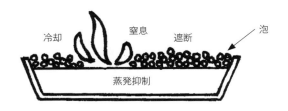

泡消火器は、炭酸ガスを内蔵した大量の泡を放射することによって対象物を被覆して、可燃性蒸気の蒸発抑制、炎と燃料表面との遮断、燃焼物の冷却などの作用で消火する。

アルミホイル

アルミホイルは薄いものは調理用として、少し厚くなるとカップや容器などに用いられる。

制振鋼板

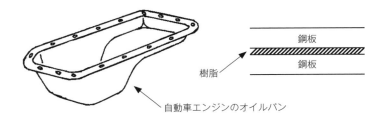

制振鋼板は、鋼板の間に薄い粘弾性樹脂の層を設けて、鋼板に振動が加わったとき、2枚の鋼板の曲げ位相差によって生じる樹脂層のずり変形抵抗によって、大きな振動減衰を得る。

ドーム球場

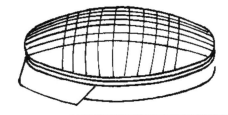

空気膜構造屋根の全天候型球場は、内部の空気圧を外部よりも高くして屋根を膨らませる。
屋根材はワイヤとガラスクロスなどからなる。

SRS エアバッグ

ドライバーの顔など、シートベルトで保護できない身体の安全をカバーするエアバッグシステムは事前保護原理で、さらに流体利用原理と薄膜利用原理を用いて、自動車の衝突を検知して、瞬時に大きなバッグをクッションのように膨らませて乗員を保護する。バッグは常時は小さく折りたたんでおくため、薄くて強度のあるコーティングされたナイロンなどが使われる。

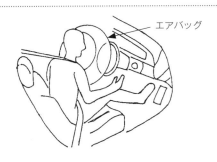

31 多孔質利用原理

ふとん

ふかふかの羽毛ふとんは、空気を多く含んでいるので暖かく快適。

水槽の空気

水槽の水に、多孔質材料を通して細かな泡として空気を噴き出すと、表面積が増すので水に溶け込みやすくなる。

素焼きの植木鉢

素焼きの植木鉢は多孔質で空気が通り抜ける孔があるので、根に空気が入りやすく、根の成長がよくなる。また、空気が通るので直射日光で鉢の中が蒸れて根が腐ることも少ない。

焼結含油軸受け

焼結金属や合成樹脂などの多孔質材料に潤滑油を含浸して造られた軸受けは、運転による温度上昇で潤滑油が浸み出して潤滑作用を果たす。自己潤滑性を利用して、オイルレスベアリングとして使用される。

新幹線のパンタグラフ

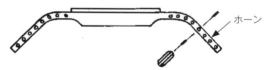

パンタグラフは架線を巻き込まないようにホーンと呼ばれる部分がある。ここは一様に長円断面であるため、高速ではカルマン渦の発生によって騒音を発生する。そのため、多数の孔をあけて渦の発生を抑えている。

DPF（Diesel Particulate Filter）

ディーゼルエンジンから排出されるススをセラミック製フィルターによって捕捉し、清浄な排気として排出する。ススは定期的にヒーターによって焼却される。

浄水器

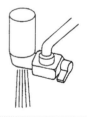

浄水器は、カートリッジ中の活性炭や中空糸膜、微細多孔質フィルターによって錆や濁り、トリハロメタンなどを除去している。

フェルトペン

フェルトペンは、フェルトや合成繊維の芯の毛細管現象によって、ペン軸の容器からインキを吸い出して描画する。

登山用リュックサック

登山用ザックは、重い荷物を長時間背負って歩いても疲れにくいよう、背中全体で荷物を支える形状となっている。
そのため、背中と接触する背面をメッシュにして、通気性をよくして背中の蒸れを軽減するようになっている。

果物の緩衝材

果物を箱詰めして輸送する際の衝撃から表皮を保護するクッション材は、高圧ポリエチレン製の発泡ネットが用いられる。網目によって通気性、通水性があり、果物が腐食しにくい。

①物体を多孔質にする。あるいは多孔質要素を追加、挿入、コーティングする。
②物体がすでに多孔質である場合は、細孔を使用して有用な物質や機能を導入する。

気泡コンクリート

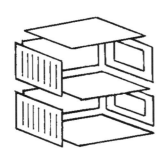

コンクリートを混練するときに、セメントに砂、砂利、水に加えて発泡剤を用いると、コンクリート中に小さな気泡を混入した多孔質のコンクリートとなる。
軽量で断熱性、耐火性に優れ、ビルの床や壁などに使われる。

オイル塗布装置

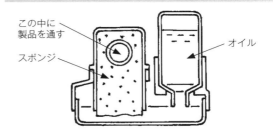

棒状製品にオイルを塗布する際に、刷毛塗りでは塗りムラができ、オイルが垂れ落ちると床が汚れて滑って危険である。
そこで、容器を逆さにして立てると、容器の内圧と大気圧がつりあい、油面高さが一定になる。そこに、スポンジを用いて毛細管現象でオイルを浸透させると、製品を孔に通すだけで全周にオイルが塗布できる。

キャブレタ燃料のオートドレン

農業用などの小型作業機には季節性があり、一年のある期間だけ使用するものを長期に保管する際には、燃料を抜いておくことが必要である。
これを忘れると錆が発生したり、キャブレタ内の燃料がガム状に変質してジェット類の詰まりが発生するので、次回の始動が困難となる。
そのため、毛細管現象を利用してチャンバ内の燃料を自動的に燃料タンクに戻すものがある。燃料タンクがエンジンの下部にある構成であることを利用している。

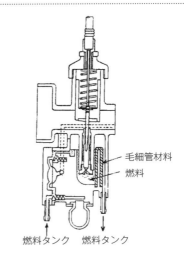

自動車のバンパー

バンパーは衝撃を柔らげるため、合成樹脂のバンパーカバーと、スチールやアルミのリーンフォースメントの間に、ウレタンフォームなど発泡材のエネルギーアブソーバ（衝撃吸収体）が備えられて、ボディ本体に取り付けられる。

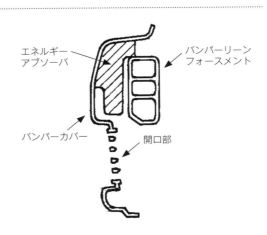

32 変色利用原理

フライパン

調理の適温を知らせるため、フライパンや鍋の色が変化するようになった。

透明軸のボールペン

インキの残量が見えるように、軸を透明の樹脂製としたボールペン。

サーモグラフィ

サーモグラフィは、物体から放射される赤外線エネルギーを、温度分布の図として画像に表すことで可視化できるので、温度の高低が一目で判断できる。

ビールジョッキ

容器の多くが透明で中身が見えるようになっているため、ビールジョッキは泡と中味の注ぎ方の調整ができる。

反射材を用いた服

道路で作業するロードサービス隊は、蛍光色と反射素材を用いて視認性を高めた服を着用している。

防犯用カラーボール

事件後に逃げる強盗に向かって投げつけ、その衝撃で割れたボールの中の塗料が飛散して犯人に付着することによって犯人の特定がしやすくなる。

エコ運転支援標示

走行状況に応じてメーター内に経済運転レベルを色で標示して、燃費の良い走行を支援する。

迷彩色

迷彩色は、環境と識別しにくく発見されにくくなっている。

赤組白組
運動会では、赤組白組に組み分けして競わせるため、帽子を色分けして識別を容易にしている。

①物体の色や外部環境を変更する。
②物体の透明度や外部環境を変更する。

偽造紙幣防止技術

偽造を防止するため、紙幣には透かしやホログラムが用いられている。

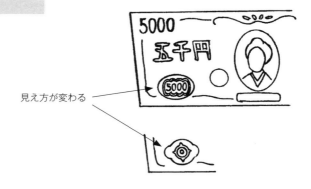

見え方が変わる

アンカーボルトの穴あけ

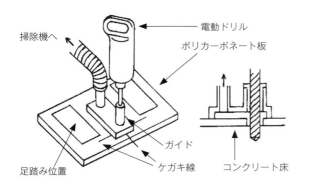

設備を設置するため、コンクリート床にアンカーボルトの穴あけを行う。
穴をズレなく直角にあける必要があるが、振動でドリルがずれたり、コンクリート屑で周囲を汚す問題があった。そのため、透明ポリカーボネート板でケガキ線を見えるようにして位置合わせを可能とし、ガイドによって垂直にドリルを通し、排出口を掃除機につないで屑を排出できるようにした。

ストップランプ

自動車などのストップランプは赤色と決められているが、外から見たときに反射して黒色に見え、内側からランプが点灯すると赤くなるようなレンズにすると、黒から赤への色彩変化が加わり、赤色レンズの場合よりも点灯が認識しやすくなる。

防眩ルームミラー

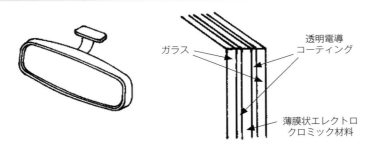

後続車のライトが眩しくないように自動で防眩するルームミラーは、周囲の明るさや後方の光を感知すると、エレクトロクロミック材に電圧をかけて電気化学的な酸化還元反応により着色させて、ミラーの反射率を制御する。

33 均質性原理

飲料用オールアルミ缶

缶の本体やふたはもちろん、プルタブもアルミとしてリサイクルを容易にしたアルミ缶。

一体成形の合成樹脂製靴

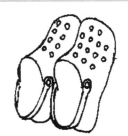

樹脂で一体に作られた靴は足の形に合わせて変形し、軽く履き心地がよく、ユニークなデザインが人気となっている。

一体型包丁

刃とグリップが一体のステンレス包丁は、グリップが中空のため軽量であり、継ぎ目がないので衛生的で、食洗機が使用できる。

氷水

食事のときに飲む氷水は、冷たいほうが食欲が進むので、氷を入れて温度を維持している。氷は解けても水になるので味が変化しない。

食品ラップやクッキングシートの切り刃

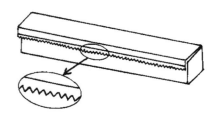

薄い樹脂膜を切断する刃は容器に一体に取り付けられているが、金属に代わり硬い紙を用いると、廃棄する時に外して分別しなくてすむ。

紙ひも

古新聞や雑誌を廃品回収で出す際には、同じ材料である紙ひもで束ねてリサイクルを容易にする。

制服

学校や企業ごとのユニフォームは、帰属意識や一体感を高め、さらに服装に余分な気を使わなくてすむ。

パック旅行

パック旅行は時間や途中の行き先が決まっており、参加者に均一なサービスが提供される。

①物体を、同じ材料、または同一の特性を持つ材料の物体と相互作用させる。

検定教科書

学校で使用される教科書は、教科書検定制度により表記や内容に適正と審議されたものを使用する。そのため、出版社は異なっても内容に均質性が保たれる。

芯なしトイレットペーパー

芯なしトイレットペーパーは、内側の部分を固く巻き付けることで強度を増し、芯を不要としている。

コンビニエンスストア

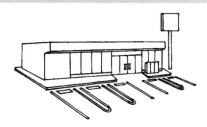

コンビニエンスストアは、系列ごとに店のレイアウトが同じで、使用する什器や扱う商品の銘柄、値段から商品の配置まで、すべて本部の指示に従うことが求められ、どの店も均一なサービスが提供されるようになっている。

摩擦撹拌接合

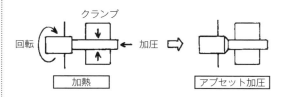

接合する材料を回転させながら強い力で押し付け、摩擦熱によって材料を軟化させて貫入させ、回転力によって接合部を塑性流動させて、混ぜて一体化させる。
溶接では溶接棒を、ロー付けではロウ材をそれぞれ用いるのに対し、別材料を用いずに接合できる。

住宅用断熱材

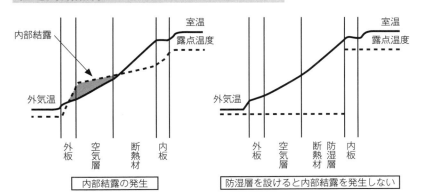

住宅用断熱材はグラスウールなど空隙に富んだ軽量材料であるが、壁体内や材料内で結露が発生する場合がある。
断熱材は透湿性が大きいので、結露すると断熱性能が悪化し、さらに結露が生じる。
このため、断熱材の内側に防湿層を設けて結露を防止している。

組立カムシャフト

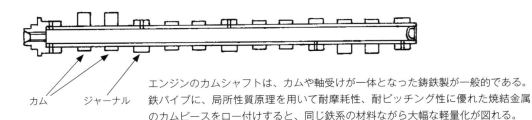

エンジンのカムシャフトは、カムや軸受けが一体となった鋳鉄製が一般的である。鉄パイプに、局所性質原理を用いて耐摩耗性、耐ピッチング性に優れた焼結金属のカムピースをロー付けすると、同じ鉄系の材料ながら大幅な軽量化が図れる。

34 排除／再生原理

仕付け糸

布を縫い付ける際に、相互のズレが生じないよう仕付け糸で止めておく。ミシンで縫ってから外す。

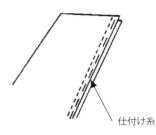

ロールキャベツ

ロールキャベツは、ひき肉をキャベツで包んで巻いて調理する。キャベツが巻いたまま外れないように楊枝で留めておき、調理が終われば楊枝を外す。

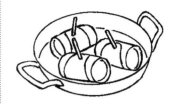

包丁研ぎ

砥石で刃物を研ぐときには水を用いる。砥石の研磨粉を水で洗い流してくれるので刃物が砥石に当たるため、平滑に研ぐことができる。

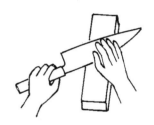

シートタイプ印鑑

裏紙を剥がして押印したい部分にシートの印影を合わせて指で押し付けると、インキが紙に転写される。その後、表面の透明シートを剥がす。

工事の足場

工事の安全や品質を維持するために足場が架装される。鋼管の足場はネジの締結力でで組み立てられ、工事が終わると解体され、再使用される。

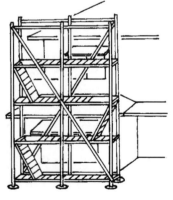

オルファカッター

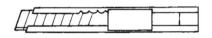

切れにくくなった刃を折って捨て、新しい刃を送り出すことによって切れ味が回復、再生する。

ジューサー

果物を絞って果汁を取り出すジューサーは、皮など繊維の搾りかすを排出して、ジュースへの混入を防いでいる。

自動車減速エネルギーの回収

ハイブリッド車は、走行する車両の減速時の運動エネルギーを発電機によって電気エネルギーとして回収してバッテリーに充電し、発進や低速走行時に発電機をモータとして使用してエンジン駆動をアシストして、燃費改善する。

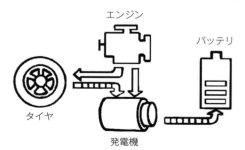

①機能を完了した物体の部分を溶融、蒸発などにより廃棄、排出する。または動作中にその部分を修正する。
②その逆に、動作中に物体の消耗部分を直接回復させる。

タジン鍋

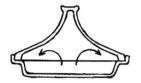

タジン鍋は、円錐状に盛り上がった蓋の上部の狭い空間に対流が起こりにくく、温度が低くなるので、食材からの水蒸気が冷却されて結露し、再び水滴となって食材の元へ戻る。蓋の下部だけ対流が発生するため、熱を下部に集中しやすく加熱時に使用する水の量も少なくてすむ。

フォトリソグラフィー

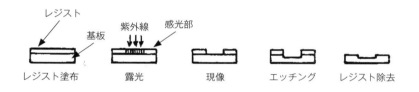

写真現像技術を応用した微細パターン作成技術。シリコン基板などの上にレジストという感光性の液体を塗布し、紫外線を照射すると変質する。その後、現像液に通すと所定のパターンが基板上に作成される。

ヘッドライトのハロゲン電球

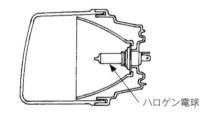

ハロゲン電球はガラス球の中にハロゲンガスを封入しているため、蒸発したフィラメントはハロゲン元素と結合し、これがガラス球内の対流でフィラメントに近づくとタングステンだけがフィラメントに付着する。この蒸発〜付着が繰り返し行われるので、白熱球のフィラメントが蒸発してガラスに付着する黒化現象を防ぐ。
そのため、フィラメントの温度を上げても耐えられるので、多くの電流を流して白色光を得ることができる。

蒸発燃料処理活性炭

大気汚染防止のため、停車時に燃料タンクから蒸発するガソリン蒸気を大気に放出させないように、多孔質利用原理を用いて活性炭に吸着させている。
エンジン運転に伴って、パージエアによって脱着されてエンジンに吸入される。活性炭は燃料ガスの吸着、脱着を繰り返している。

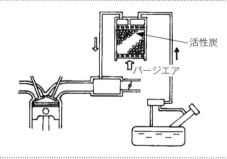

ロストワックス鋳造法

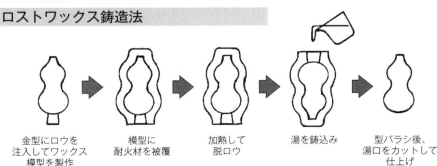

ロストワックスは、ロウの外側に被覆して型を作り、ロウを溶かし出した後の空洞に溶けた湯を流し込んで製品を作る。

119

発明原理事例

35 パラメータ変更原理

砂糖

ザラメ糖　　角砂糖　　氷砂糖　　顆粒糖

精製糖であるザラメ糖は結晶が大きく乾いてサラサラした砂糖で、これを原料として角砂糖や氷砂糖、顆粒糖などの加工糖がつくられる。

もち米

赤飯　　　　餅　　　　あられ

もち米は蒸して赤飯にしたり、ついてもちにして柔らかいままや、あるいは保存して固くなったものを焼いたり、さらにもちを小さく切ってあられにしたりと、色々な食べ方ができる。

たまご

たまごはそのまま卵かけご飯として食べたり、ゆで卵や目玉焼き、玉子焼きにしたり、他の食材と玉子とじをつくったりなど、いろいろな食べ方ができる。

食用油凝固剤

凝固剤が高温で溶けて、再結晶する際に油を包み込んで閉じ込めて、固いスポンジ状にすることによって、ゴミとして廃棄処理しやすくする。

固形鍋つゆの素

液体で袋入りだった鍋つゆの素を固形状にした。
1個を1人分として、人数に合わせて使用できる。

濃縮洗剤

台所用、洗濯用などの洗剤は、濃縮タイプとなって使用量を減らし、容器が小型にされている。

食品の冷凍保存

食品を冷凍すると、冷蔵よりも長期間鮮度を保って保存することができる。

①気体、液体、固体といった物体の物理的状態を変更する。　③柔軟性の程度を変更する。
②濃度や柔軟性を変更する。　④温度を変更する。

フリーズドライ

フリーズドライは、マイナス30℃程度で急速に凍結し、さらに減圧して真空状態で水分を昇華させて乾燥する。

圧力鍋

蓋を締め切って蒸気による圧力を上げて調理するので調理時間が短縮でき、煮込み料理が簡単にできる。

干物

魚などを干した干物は、干すことで水分を減らして表面に膜を作ることで保存性が高まり、独特の食感と食味が得られる。

オートクレーブ養生

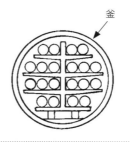

釜

オートクレーブは、高温高圧の蒸気釜の中で行うコンクリートの促進養生。
電柱やパイルなど、高強度のコンクリート製品が得られる。

マイクロミスト

マイクロミストは、水を微細な霧の状態にして噴射し、蒸発する際の気化熱の吸収を利用して、地上の局所を冷却する。周辺の温度を2～3℃下げることができ、家庭用エアコンよりエネルギー消費が少ない。

エンジンのガス燃料

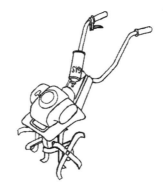

タクシーでは以前からエンジンの燃料としてLPGが使用されているが、管理機でも一般のユーザーが使えるようカセットガスにして利便性を高めた。

泥しょう鋳込み法

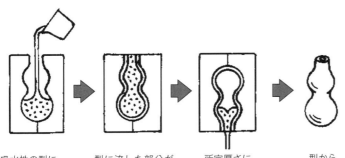

吸水性の型に原料を流し込む　型に流した部分が乾燥して固まる　所定厚さになったら排泥する　型から取り出す

セラミックは焼結後の加工が難しいため、できるだけ完成品に近い形で成形する必要がある。
泥しょう鋳込み法は、原料を液体状にしたものを石膏などの吸水性を持つ型に流し込んで、壁の内側に適度な厚さの製品を作る成形法。この後、窯の中で焼き固める。

36 相変化原理

ヒートポンプ

ヒートポンプは、作動媒体としてフロンやアンモニアなどを用い、圧縮した高温高圧ガスを放熱した後、急激に膨張させて減圧して低温を得る。
自然界の熱の移動現象に逆らって、熱を低いところから高いところに移動させることができる。

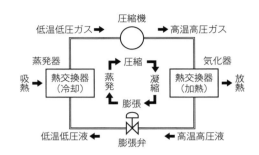

ヒートパイプ

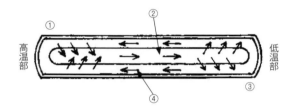

ヒートパイプは、容器内に封入した作動液の蒸発・凝縮の相変化で熱を移動する。
作動液を減圧封入してあるので容易に沸騰する。作動は
①高温部の熱で作動液が熱を吸収して蒸発
②作動液蒸気が空洞を通って低音部に移動
③冷却されて凝集して液体に戻り、内壁のウィックに吸収される
④作動液が内壁ウィックを伝わって高温部に戻る

バブルジェットプリンター

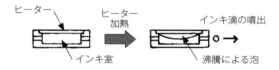

インキの詰まった微細管の一部にヒーターを取り付け、これを瞬時に加熱することでインキ内に気泡を発生させて、体積変化によってインキを噴出させる。

湯水混合装置

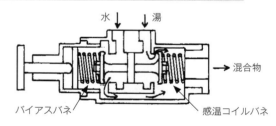

所望する温度のお湯を使えるようにするため、形状記憶合金を用いた調整装置。
形状記憶合金は温度による結晶構造の相変化によって急激な形状変化が起きるが、バネ定数が線形に変化する特性を持たせることで、応答性の良いきめ細かな温度調整ができる。
(特開平6-159532)

衣類用防虫剤

防虫剤は、固体から気体へと相転移する昇華現象を有するナフタリンなどによって、衣服を湿気させることなく長期間防虫効果を維持できる。

焼き餃子

餃子を焼くとき、焦げ目がついたら少し水を加えてから蓋をする。水蒸気が水に戻る際に出す潜熱を利用して全体に加熱できる。

①体積の変化、熱の損失や吸収など、相転移の間に発生する現象を利用する。

柄の形状が変えられるはさみ

はさみの柄を形状記憶樹脂にすると、お湯に漬けると柔らかくなるので自由に成形でき、その後水に漬けると硬化するので形が固定でき、手に合わせた形にできる。

過熱水蒸気による加熱

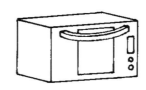

スチームオーブンによる300℃を超える温度の過熱水蒸気は、食品の中心部まで温度をすばやく上昇させることができ、一般的なオーブンに比べて食品内部の油分を多く落とすことができる。

ホッパー冷却

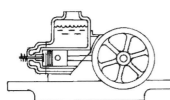

初期の頃の石油発動機のホッパー冷却は、エンジンの運転で水を気化させて冷却した。

2サイクルエンジンの冷却

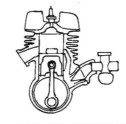

2サイクルエンジンは、クランク室に吸入した新気のガソリンの気化熱によってピストン裏や軸受を冷却するため、わずかなオイル量で潤滑が可能。

エンジン冷却用サーモスタット

エンジン冷却水の温度制御用サーモスタット。
ケース内に密封されたワックスが熱を受けると膨張してピストンを押し上げるが、ワックスは固体から液体への相変化の膨張過程における膨張係数が液体膨張の6〜7倍になるので、設定温度で急激に開弁してラジエタへの通路を開く。

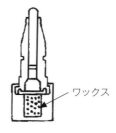

ワックス

ガソリン直噴エンジン

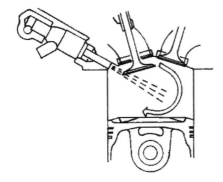

吸気行程中に燃焼室にガソリンを直接噴射する直噴エンジンは、燃料の全量が燃焼室にあるので、ガソリンの気化熱によって燃焼室内の温度を低下させる効果が大きい。
そのため、ノッキングしにくくなるのでその分だけ圧縮比を高めることができ、燃費改善に効果が得られる。

ナトリウム封入バルブ

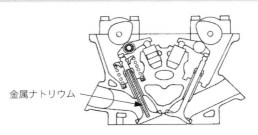

金属ナトリウム

排気バルブを積極的に冷却する方法として、ナトリウムを封入したバルブが用いられる。
金属ナトリウムは融点が98℃なので容易に液化する。液化ナトリウムの熱伝導率は水の約100倍なので、バルブの運動で傘部とステム部を往復し、傘部の熱をステム部で冷却水に伝えて冷却する。
傘部の温度が低下できると耐ノッキング性が向上するので、点火時期を進角でき、燃費を向上することができる。

37 熱膨張原理

アルコール温度計

温度による体積変化を利用しているアルコール温度計。
赤い柱は灯油に赤い色をつけたもの。

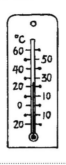

焼き嵌め、冷やし嵌め

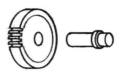

圧入は締め代が大きいと傷がついたりして困難となる。そのため、穴側を炉で加熱して内径を大きくする焼き嵌めや、逆に軸を冷却する冷やし嵌めが行われる。

ポン菓子

米などの穀物に加熱しながら圧力を加えた後、一気に開放することによって減圧すると、内部の水分が急激に膨張してはじけることで、一粒ずつが膨らんだ菓子が作られる。これを砂糖や水飴で固めて食べやすくしている。

エアバッグのインフレータ

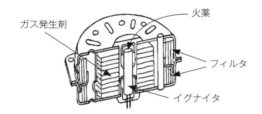

エアバッグを膨張・展開させるためのインフレータ（ガス発生装置）は、センサーの電気信号で火薬を点火し、その燃焼熱によって推薬に点火する。推薬が分解反応する時に発生する窒素ガスでバッグを膨張させる。

易解体性ビス

家電やパソコンはリサイクルのため解体する必要があるが、錆びていたり手が届きにくいものがあると時間とコストがかかる。
そのため、形状記憶合金でネジを作る。廃家電を炉に入れて90℃に加熱すると、ネジ本体が収縮しヘッダーが膨張する。ネジが瞬間的に緩んで、工具なしで手の届きにくいところも簡単に外せ、解体時間を短縮できる。ネジは錆びにくいので何度も使用できる。

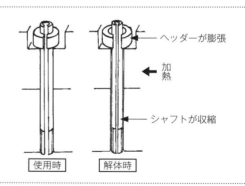

蛍光灯の点灯管

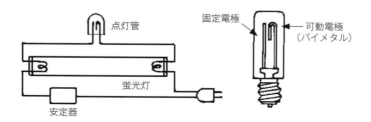

スイッチを入れると、点灯管の内部で放電が起こり、その熱でバイメタルが作動して閉回路を作る。点灯管を経由して流れる電流で蛍光管のフィラメントを予熱する。バイメタルが冷え閉回路が開放されると、安定器のコイルの自己誘導作用で高電圧が発生して、フィラメントから電子が放出されて点灯する。

①材料の熱膨張や熱収縮を利用する。
②熱膨張を利用している場合は、熱膨張係数の異なる複数の材料を使用する。

感温型カップリング

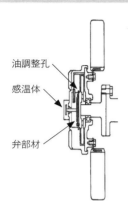

低温時にはエンジンのラジエータ冷却ファンの回転を停止して、冷却水温が高くなると回転するようになった感温型カップリング。弁部材の前面に設けた感温体（バイメタル）の温度変化による変形によって油調整孔を開閉して、油の循環を制御する。（実公昭53-15882）

固着したネジの緩め

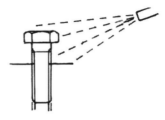

錆びついて固着したネジは、浸透潤滑剤を使用しても緩みにくい。潤滑剤に冷却剤を加えたスプレーを吹き付けて、瞬間的にボルトを冷却する。ボルトが収縮してネジに隙間ができ、そこに潤滑剤が浸透するので容易に緩めることができる。

スターリングエンジン

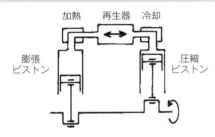

スターリングエンジンは、密閉した経路内の気体を外部から加熱・冷却し、その膨張・収縮によってピストンを動かす。圧縮用と膨張用の作動室を再生器でつなぎ、作動流体が2つの作動室を往復してピストンが上下に運動する。

温度制御装置

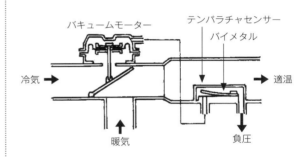

バイメタルを温度センサーとして用いて、負圧によって通路の開閉を制御して自動温度調整する。

エンジンの低温時デコンプ装置

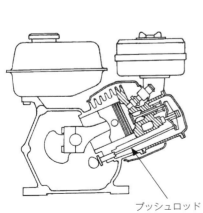

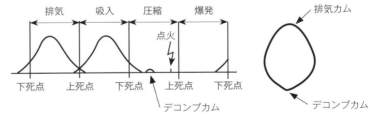

汎用エンジンはロープを引いて始動するため、軽く引けるようデコンプ（圧縮抜き）装置が設けられている。最もシンプルに実現するものは、吸気行程終了後に排気バルブを少し開いて吸気を逃がすように、排気カムにデコンプカムを設けたもので、常温時はバルブクリアランスよりもデコンプカムの高さが大きいので、始動時にデコンプが働く。
エンジンが運転されて温度が上がると、エンジンはアルミでプッシュロッドは鉄のため、膨張係数の差によってバルブクリアランスが拡がり、デコンプカムは作動しない。

38 高濃度酸素利用原理

紫外線殺菌

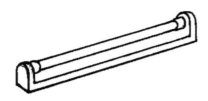

紫外線の照射は、生物に大量の活性酸素を発生させることによって、殺ウイルス効果、殺菌効果を有する。

過酸化ナトリウムによる漂白

過酸化ナトリウムは油性汚れを自然乳化して落とし、水に溶けたときに出る活性酸素で汚れを分解するため、漂白や洗濯に用いられる。

酸素吸入器

酸素と窒素を分離する酸素富化膜により、酸素濃度を高めた空気が医療用酸素だけでなく、家庭用健康機器として用いられる。

過酸化水素

過酸化水素は、製紙の際のパルプ漂白や、半導体の洗浄などに利用される。また、3%に薄めたものはオキシドールとして外用消毒剤に用いられる。

酸素カプセル

酸素カプセルは、人間の入るスペースの内部に酸素の比率を多くした空気を加圧して、疲労回復のために肺から取り入れる酸素を多くできるようにしている。

酸素水

肩こりや腰痛は筋肉が収縮し血行が悪化するが、これは乳酸が分解されず蓄積されるためである。酸素は乳酸を炭酸ガスと水に分解して体外へ排出するので、筋肉疲労を緩和するとされており、酸素濃度を高めた水を補給することも一手法。

活魚輸送

純酸素は空気の5培の酸素を水に溶け込ませるので、鯉、うなぎ、金魚などは水槽コンテナを用いなくても、少量の水を入れたポリエチレン袋に収容して酸素で膨らませて、段ボールで運ぶことができる。

うなぎの蒲焼き

うなぎを焼く時にはうちわで風を送り込み、炭の火力を強めて表面と内部の焼き具合を変えて、おいしく焼けるようにしている。

①通常の空気を高濃度の酸素を含んだ空気と入れ替える。
②高濃度の酸素を含んだ空気を純粋な酸素と入れ替える。
③空気や酸素に電離放射線を照射する。
④オゾン化酸素を利用する。
⑤オゾン化またはイオン化酸素をオゾンと入れ替える。

ボイラ

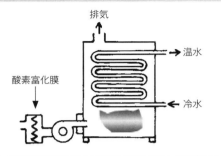

燃焼器に酸素濃度を高めた空気を供給すると燃焼温度が上がるので、ボイラの効率が向上する。

スキューバダイビング

スキューバダイビングでは、圧縮空気を詰めたタンクを使って潜水する。

店舗の消臭、殺菌

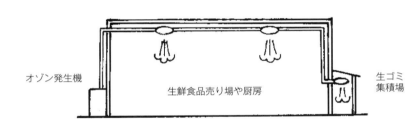

スーパーマーケットなど広い店舗で、人のいない夜間にオゾンガスを天井から吹き出し、噴霧して、隅々まで消臭、殺菌、漂白、ヌメリ取りをする。

ばっ気式浄化槽

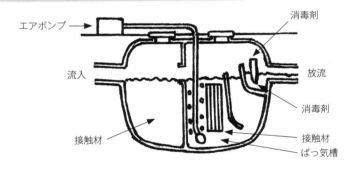

好気性微生物群に酸素を供給して微生物を繁殖させると同時に、汚水と微生物が十分に接触するために攪拌して浄化槽内の下水処理を行う。

酸素の工業的用途

化学、石油化学	プラスチック製造における助燃剤
食品加工	養殖、移送
医療	呼吸不全や蘇生用
製鋼	脱炭や精錬
半導体製造	シリコンウエハ上にシリコン酸化膜の形成酸化剤
製紙	紙パルプの漂白
ロケット	燃料水素の助燃剤
汚水処理	微生物の活性化による汚れ、悪臭の除去

39 不活性雰囲気利用原理

消火器

粉末消火器はリン酸アンモニウムが用いられ、酸素を遮断することで消化する。

難燃繊維

カーテンやカーペットは難燃化が必要である。繊維を燃えにくくするために原料樹脂に難燃剤を練り込むとか、生地に難燃剤を加えるなどの方法を施している。

ガス置換包装

ガス充填包装は、包装内の空気を除去して炭酸ガスや窒素を充填し、プラスチックフィルムなどで密封するので、食品の酸化防止や微生物の繁殖を抑える。

脱酸素剤

密封した食品包装容器内の酸素を吸収し、食品の油脂成分やビタミンの酸化防止、カビや腐敗の抑制により、新鮮さや栄養素を保護する。

レトルト食品

レトルト食品や缶詰は、加圧加熱殺菌した食品を気密性及び遮光性を有する容器で密封したもので、常温で長期保存できる。

魔法瓶

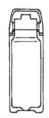

本体を2重にして間を真空にすることによって対流による熱伝導をなくし、保温効果を高めている。

EGR（Exhaust Gas Recirculation）

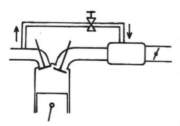

EGRはセルフサービス原理を用いて、排気ガスの一部を吸気に戻して新気にCO_2を加え、比熱を増大して燃焼温度を下げ、NO_xの排出を抑制する。

真空ミキサー

真空ポンプで容器の中の空気を吸収して攪拌すると、できたジュースの中に空気の混入が少ないので泡立ちが少なく、時間が経っても変色しにくく、栄養がこわれにくい。

真空蒸着

高真空中で蒸着材料を加熱し、気化、昇華させ、気体分子となった蒸着材料を基盤に衝突、付着させることによって薄膜を形成する。

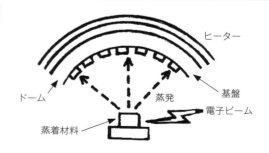

①通常の環境を不活性な環境と入れ替える。
②中性な部品や不活性添加剤を物体に入れる。

MIG 溶接

アーク溶接は溶接ワイヤを電極線として用い、その先端と母材との間にアークを発生させて、両者を同時に溶融させて溶接する。
MIG 溶接は、溶接部の大気との反応による劣化を防ぐために、イナート（不活性）ガス雰囲気中で溶接する。
代表的なイナートガスとして、アルゴンガスやヘリウムを用いる。そのため、アルミや銅、チタン、ステンレスなどの溶接が可能。

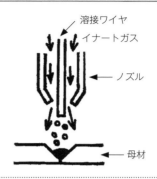

密閉断熱2重ガラス

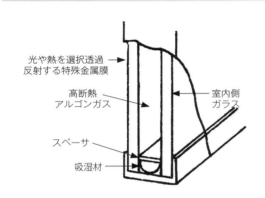

断熱と遮熱のため、外側ガラスの遮熱性の高いフィルムを貼り、2枚の板ガラスの間にアルゴンガスを封入した窓用ガラス。断熱効果が大きい。

真空チルド室の冷蔵庫

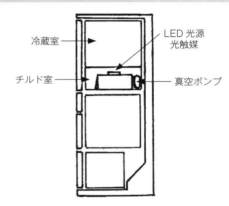

チルド室を密閉して真空ポンプで吸引して、大気圧よりも低くして酸素を減らすことによって食品を傷みにくくする。さらに肉や魚から出るニオイ成分などが光触媒に接触し、LEDの光によって炭酸ガスに分解される作用を加えて、食品の鮮度を維持する冷蔵庫。

Vプロセス鋳造法（Vacuum Sealed Molding Process）

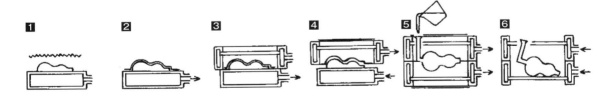

1. 多数の小孔の開いた模型を吸引ボックスに取り付け、薄い樹脂フィルムを加熱し軟化させる。
2. 樹脂フィルムを模型表面に覆い、吸引ボックスから吸引して密着させる。
3. フィルターパイプを備えた金枠をセットし、乾燥砂を充填する。
4. 薄膜利用原理を用いて上面をフィルムで覆って減圧し、鋳型を硬化させた後、吸引ボックスを外気圧にしてフィルムを型から離す。
5. 上記と同様の工程で作成した上型を組み合わせて、減圧した状態で注湯する。
6. 大気圧に戻すと、乾燥砂であるため型はばらけて落下し、製品が得られる。湯口を切断して完成。

40 複合材料原理

鉄筋コンクリート

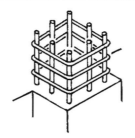

鉄筋コンクリートは、鉄とコンクリートのお互いの長所を用いて短所を補う代表的な複合材料。

お好み焼き

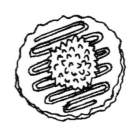

小麦粉に山芋、キャベツや豚肉、海老やイカ、あるいは麺類など、色々な具材にソース、マヨネーズに鰹節など、好みによって選択できるお好み焼きは、味を複合して楽しめる。

ステアリングホイール

自動車のハンドルは、スチール、アルミ合金、マグネシウム合金などによる芯金があり、外側を柔らかい合成ゴムや樹脂、皮革などで覆っている。

テフロンリップ付きオイルシール

テフロン

エンジンのクランク軸など、高速で使用するオイルシールの摩擦ロス低減のため、リップにテフロンを張りつけたオイルシール。

圧力ゴムホース

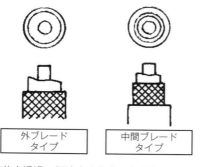

外ブレードタイプ　　中間ブレードタイプ

気体や液体を通過、伝達するために自動車などに使われるゴムホースは、燃料系、ブレーキ系、オイル冷却系など、流通する媒体の種類や使用環境によって補強繊維の配置を変えたものが用いられる。

ユニットバス

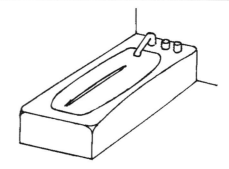

ガラス繊維など弾性率の高い材料をプラスチックの中に入れて、強度を向上させて構造用材料として使用する。
自動車や航空機、鉄道車両などの内外装や、住宅設備機器としてのユニットバスなどは一般的に使用されている。

テニスラケット

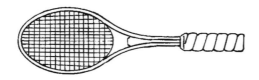

強化繊維とマトリックス樹脂を組み合わせた強化プラスチックラケットは、強化繊維には炭素繊維やアラミド繊維、グラスやボロンなどが、そして樹脂にはエポキシ樹脂やポリエステル樹脂、ナイロン樹脂などが用いられている。

①均一な材料を複合材料に変更する。

ボート

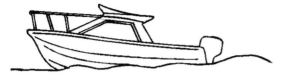

軽量で強度の大きなFRP（Fiber Reinforced Plastics）は、ボートやヨットの船体に用いられる。
形状の自由度が高く、腐食や錆の発生がないというメリットが活かせる。

ウレタン樹脂の枕木

硬質ウレタン樹脂をガラス長繊維で強化したFFU（ガラス長繊維強化プラスチック発泡体）を用いた枕木は、木製と同程度の重さで、切断や穴あけも同様に可能であり、寿命が長く狂いも生じにくい。

ゴルフカート

少量生産のため、外装をFRP製とすることで金型の負担を軽減できるが、他に、プレーをミスした際に、カッとしたプレーヤーがゴルフカートに怒りをぶつけて強打される場合があるが、そのような時でも、FRP製外装は破損や変形が発生しにくいメリットがある。

MMC（Metal Matrix Composite）コンロッド

エンジンのコンロッドは鋼の鍛造製であるが、アルミ合金溶湯の中にアルミナ粒子、炭化ケイ素などを加えて高い圧力で凝固させるMMCは、アルミ並みの比重で鋼に匹敵する強度が得られ、大幅な軽量化が図れる。これにより、摩擦損失の低減はもちろん、クランクシャフトの小型化などの大きな波及効果もある。

FRM（Fiber Reinforced Metal）耐摩環ピストン

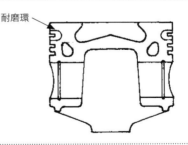

ターボなどによって高い爆発圧力が加わるディーゼルエンジンのトップリング溝の摩耗対策のため、アルミナ、シリカ繊維を複合したFRM耐摩環を鋳込んだピストン。

アラミド繊維芯線タイミングベルト

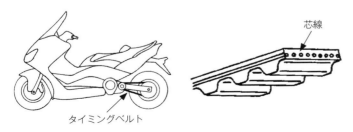

二輪車の後輪駆動にタイミングベルトを用いると、チェーンに比べて騒音や油飛散の問題、給油の手間がなくなる。しかし、ベルトの幅が広いため、後輪周りが大型化する。
このため、ベルト芯材にアラミド繊維を用いて強度を増し、ベルト幅を抑えている。

4.2 技術進化パターンからのアイデア出し（19の進化パターンからヒントを得る）

　アイデア出しでは、技術進化パターンに示された順序に沿ってアイデアが順序良く整理されて出てくるということはないでしょう。アイデア出しに際しては、そのような進化順序は考えなくても構わないので、とにかく出すことを考えることです。進化順序に従って考えるなどということは必要ありません。進化パターンのレベルは、アイデア出しに際しての視点を教えてくれているのだと考えれば良いでしょう。

　ところで、第3章で技術進化パターンの考え方について「①新しい物質の導入」を例として見てきました。しかし、実際には食品という大きなくくりでなく、個々の商品についてどのように考えるかということになります。そこで、ハンバーガーについてという場合で考えてみます。

　さて、ハンバーガーに新しい物質を内部に加えるという見方で考えたとしたら、どんなアイデアが出せるでしょうか。そもそも、ハンバーガーの定義は「ハンバーグを挟んだ丸いパン」ですが、現在はほとんどの商品で、レタスやチーズなど何らかのものを加えています。これは、新しい物質をハンバーガーの内部に付加したものと考えられます。例として、図4.4の、ハンバーガーに目玉焼きを加えた月見バーガーが考えられます。

　では、新しい物質を外部に加えたものとしては何が考えられるでしょうか。たとえば、パンの上にふりかけをかけるのはどうでしょうか。中に挟んだものの味を引き立てる新しいふりかけは考えられないでしょうか。スイカには塩をかけます。うどんや蕎麦には好みで唐辛子やわさびを加えますが、でもハンバーガーにふりかけを加えるのは論外でしょうか。パンに代えてライスを使ったハンバーガーがありますから、そこに使えるかも知れません。ふりかけでなくトッピングといえば見方が拡がるかも知れません。

　次の、新しい物質を周辺に加えたハンバーガーとは、何が考えられるでしょうか。チキンナゲットでは好みのソースを選べます。ハンバーカーにも別添のソースをつけるという食べ方はないでしようか。味の変化が楽しめるように思います。

　そして、新しい物質を物体間に加えたハンバーカーとはどのようなものでしょう。ピザには半分ずつ違った味の種類が1枚になって、それぞれの違った味が楽しめるものがあります。サンドイッチにはミックスサンドがあります。そこで、あっさり味とこってり味とが半分ずつ一つになったハンバーガーはどうでしょうか。あるいは、挟んであるものが半分ずつ別の種類であるハンバーガーなどはどうでしょうか。組合せによって食べる楽しみが増すように思います。これらを図4.4に示しました。

　ハンバーガーも1つのシステムですから、何とかアイデアは出るだろうと挑戦してみましたが、いかがでしょう。プロから見れば、どれも商品になるレベルではない、評価以前のアイデアかも知れません。ただ、アイデアのレベルはともかく、このようなやり方でアイデア出しをするというやり方をここでは示しました。進化パターンからのアイデア出しの方法を説明したものとして了解ください。

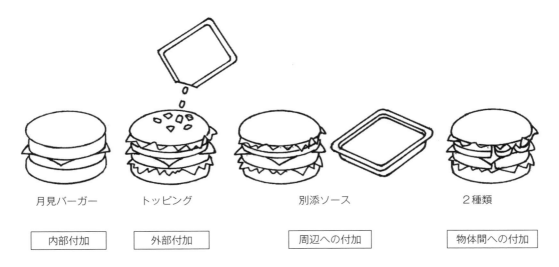

図4.4 ハンバーガーの技術進化パターンからのアイデア

図4.5 改良物質の内部付加事例

　ハンバーガーを例にとって、技術進化パターンの「①新しい物質の導入」について見てきましたが、進化パターンには19の観点からの分類が示されていますから、それぞれについて当てはめて考えてみることができます。たとえば、「②改良物質の導入」で考えれば、ダブルバーガーという事例が考えられます（図4.5）。ハンバーグにさらにハンバーグを加えたものですが、それぞれで味を変えたハンバーグならもっと楽しいかもと思いました。

　このように、技術進化パターンは技術進化の共通傾向としてまとめられたものですから、ここで示された視点をもとにアイデアが出せると、先行できる可能性があるというわけです。

　そのために、P136以降で示した技術進化パターン事例は、イメージを拡げて考えるためのヒントとして使えると思います。アイデア出しに際して、技術進化パターンはチェックリストとしての使い方になります。現在は問題がなくても、示された項目に従って無理にでも考えてみることです。

Column 11 ムリ、ムダ、ムラがあるから成長する

　仕事にはムリ、ムダ、ムラが必要ですというと、何をばかなことを言っているのだと叱られそうです。でも、ムリ、ムダ、ムラは文化である、ムリ、ムダ、ムラがあるから成長するという考え方もあります。

　ムリするのは、従来よりも高いレベルに挑戦するとか、従来とは違うやり方でやってみるとか、困難を達成しようとするためです。ですから、ムリしてでもやろうとするのは、その取組み自体が称賛されるべきとも考えられます。

　ムダをつくるのは時間や生活に対しての余裕であり、精一杯でなく余裕があるからこそ、他の見方ができたり付け加えたりできているわけです。ムダかどうかは1つの価値観での評価によるものであり、見方が違えば新しい価値になります。

　ムラがあるのは、出来栄えやプロセスに対して均一でないとか濃淡があるとか、ばらつきがあるとかの評価によるわけです。しかし、ムラができるということは、そこに従来を超えるものがあったりするわけで、それは従来とは別の可能性のある特性を持っているということです。

　ですから、ムリ、ムダ、ムラは企業や組織の文化であると言えるわけです。何を優先するかという考えで違ってきますが、そもそも、単調な繰り返しばかりでは人間は耐えられません。バカになってしまうだけです。仕事の習熟程度は守破離と言われますが、ムリ、ムダ、ムラを経て実現できるものだと思います。

　T型とかπ型とか、優秀と言われる人材は、自分の分野以外に他分野もこなせる幅広い知識を持っている人間であると言われてきました。でも、その知識が現在の仕事に活かせなければムダになります。また、一人の人間の持っている知識は、実はそれほど多くないとも言われていますが、私のような狭い分野のI型人間は、興味のない分野には疎く、無理に勉強しても知識になりません。でも、そのような狭い分野の人間にも使い道があると思われないと、失業して生活に困ります。ではどうするか。それは手法を使うことです。

　幸い、われわれはTRIZを知っています。TRIZを使えば必ず問題解決できます。多くの時間をかけたのに満足できる解決策が得られなかったなどと、会社資源をムダにすることはありません。TRIZプログラムは単にアイデアを出すだけでなく、出したアイデアをムダなく使ってコンセプトまとめをすることによって、より高い解決レベルでのまとめができるようになっているわけです。

　また、「Goldfire Innovator™」によって、比類のない効率の良さで知識検索ができます。知らない分野の事例、知識を「使えるかも知れない…」と思えるレベルで提供してくれます。組織での問題解決にこれほど使えるものはありません。

　現在は大企業であっても、最初は小さな会社であったところが多いのですが、そこには高い目標を実現する文化、風土があったはずです。TRIZプログラムを実践すると、ムリな目標に挑戦できます。日常の問題解決が、時間をムダにすることなく効率的にできます。その結果、レベルにムラのない優秀な人材の組織となります。TRIZは実践を通した人材育成であるわけです。勝てる組織とするのは難しいことではないのです。

第4章 事例から学ぶアイデア出し

Column 12 商品の強さは部品技術力の強さ

　エンジンの馬力を向上する効果的な方法の1つは、回転数を上げることです。1980年代の中頃、250ccの排気量で水冷4気筒4バルブというエンジンを搭載した市販の二輪車が出現しました。それまでの1.5倍の16,000rpmも可能なレベルで、従来の市販4サイクル2気筒250ccクラスの馬力を突き抜けたものでした。かつて60年代にレースでも最先端だった技術が、市販車として実用されるようになったわけです。私のような下手くそでも、レッドゾーンを気にせずブン回して走る快感はかつてない新しい魅力でした。

　それよりずいぶん昔、軽自動車が360ccの時代に2バルブで4気筒の商品がありましたが、それ以外には小さなエンジンで4気筒はありませんでした。ですから、250ccで4気筒4バルブの出現は、それまでにない最小のエンジンで実用化を可能にした、エポックメイキングな商品といえるものでした。

　高回転を可能にするには、いかに摩擦損失を抑える設計ができるかにかかっています。1気筒62.5ccで4バルブのため、摩擦損失を抑えるための1つとして動弁系の小型化がポイントになります。バルブの傘径は大きくしながら軽量化したいので、ステム（軸）径は可能な限り細くされます。具体的には4mmという、極端にいうと孔が量産加工可能なレベルです。ですから、バルブにとってはステムを曲がらずに製造できることが必要ですが、バルブメーカーは問題なく造ってくれました。

　主に日本国内向けの商品でしたが、ブームの後になって、欧州の二輪車メーカーから同様の商品を造って世界中に販売するという計画があったのだということを聞きました。しかし、コピーしてエンジンの設計はできても、欧州では細いステム径のバルブが製造できなかったのだそうです。欧州では自動車ならともかく、二輪車のためにわざわざ技術開発してくれる部品メーカーはないのだと知らされました。図面を描けば何でも造ってくれるわけではないわけで、改めて日本の部品メーカーの生産技術力の高さを知らされた出来事でした。

　現在、50ccのスクーターのエンジンにも3バルブのものがあります。吸気2バルブですから、4バルブと同等のサイズです。そして燃料噴射が採用されているわけですが、これは二輪車用に小型化した部品を造ってくれるシステムメーカーのおかげに他なりません。

　さらに、少し前まではレース用にしか使えなかった、低摩擦表面処理のDLC（ダイヤモンドライクカーボン）も、燃費改善のために市販車に採用されるようになっています。材料的な技術も大きく進化していることがわかります。

　設計はコピーできても、そこに使われている部品や技術は真似できません。足腰である製造の力が、日本のモノづくりの強さであることは論をまたない所です。製造現場でも新しい技術を取り入れてQCDの向上を目指していますが、そこには必ず問題が発生することでしょう。課題達成のためには、矛盾の生じる問題を効率的に解決することが求められます。それを可能にするためにTRIZを活用したいわけです。マザー工場として日本の工場が技術力を維持、強化し発展していくために、生産技術、製造技術部門にもTRIZに目を向けていただきたいものです。

①内部付加　②外部付加　③周辺への付加　④物体間への付加

トラックのブレーキ
目的：制動能力の向上、安定化

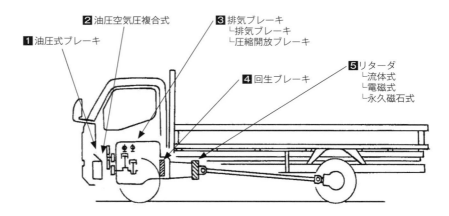

車両総重量の大きなトラックのブレーキを安定して効かせることは常に大きな課題であるが、ブレーキの性能は、ホイール内に納められたブレーキ機構の大きさによってある程度決まるので、補助ブレーキが開発されてきた。
1 初期は、主ブレーキを効かせるための油圧式ブレーキだけであった。
2 空気圧はエアサスとも併用できるので、空気圧によって発生した油圧を使ってブレーキを作動させて軽い踏力で作動できるようになった。
3 エンジンブレーキの効きを向上するため、排気ブレーキや、圧縮行程で空気を逃がす圧縮開放ブレーキが採用された。
4 また、流体や磁気によって回転抵抗を増やすリタータが用いられている。
5 さらに、従来のようにエネルギーを熱に変えて放出するのではなく、発電して充電するようにした回生ブレーキが採用されるようになっている。

自動車エンジンのピストン

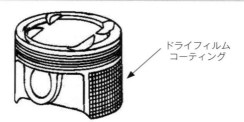

エンジンのピストンは、爆発圧力を受けながらシリンダ内を高速で摺動しており、方向や荷重が変化しているため、流体潤滑できない場合があり摩擦損失が大きい。そのため、ピストンスカート部にモリブデンなどからなるドライフィルムコーティングを実施し、燃費改善効果を得るようになった。

糸はんだ

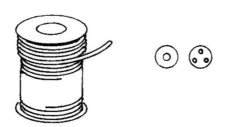

糸はんだは、多くはやに入りはんだで中にフラックスが入っており、母材や溶けたはんだ表面の酸化物や汚れを除去し、はんだの表面張力を小さくして濡れ性の良いはんだ付けを行うことができる。

船外機の防蝕亜鉛（アノードメタル）

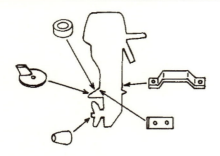

船外機の構成材料であるアルミが、海水によって浸食（電触）されないよう、錆対策が必要である。
このため、アルミより電解質的に弱い亜鉛を犠牲金属として用いて、異種金属間の電池作用による防蝕によって本体を守る。

エアデフレクター

トラックの空気抵抗を減らして燃費を改善するために、キャビンの屋根上部にエアデフレクターが備えられる。

エンジンのウォータジャケット

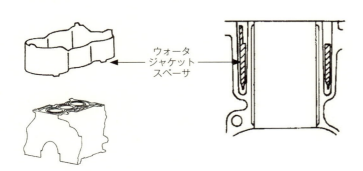

エンジンのシリンダは上部と中下部では温度が異なるため、ガスシール性の悪化やピストンとの摩擦が大きくなる。
そのため、ウォータジャケットの中に樹脂製のウォータジャケットスペーサを挿入して、ウォータジャケットの上部の冷却水の流速を高めて冷却効果を上げ、中下部では冷却を抑えて保温することで上下の温度差を小さくした。その結果、シール性が改善でき燃費改善に効果が得られた。

シールチェーン

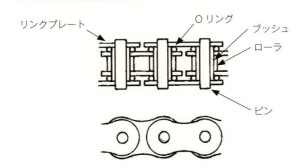

動力伝達のためのチェーンは、給油ができない場所や粉塵などの多い場所、高速・高荷重の場所で使用されると潤滑のためのグリースがなくなり、磨耗伸びや固着が発生する問題を生じる。そこで、ブッシュとピンの間のグリースを保持するため、リンクプレート間にOリングを挿入した。これにより、シールチェーンとして潤滑が維持でき、耐久性の高いチェーンとできた。

①内部付加　②外部付加　③周辺への付加　④物体間への付加

エンジンのカムとロッカーアーム
目的：磨耗・摩擦の低減

1 鋳鉄カムと焼き入れしたリフタ　**2** カムのチル化　**3** 焼結パッド　**4** オイル噴射　**5** 転がり軸受

エンジンのバルブを作動させるカムとロッカーアームからなる動弁系は、性能の改善やメンテナンス低減のために磨耗・摩擦の低減が行われてきた。
1 OHV など比較的回転数の低いエンジンでは、鋳鉄のカムと焼入れしたリフタとの間で摺動作動している。
2 OHC ではスプリング荷重も増え、カムの磨耗対策として、チル化して硬化されたカムが用いられた。
3 ロッカーのスリッパの磨耗・スカッフ対策として、焼結合金のパッドをロー付けしたものが用いられた。
4 スカッフ対策として、オイルを噴射する方法が採られた。
5 摩擦低減のため、ニードルベアリングを用いて転がり軸受化された。

飛行機の翼

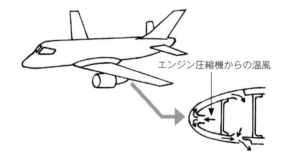

航空機の翼に氷が付くと、空気の流れが乱れて揚力が減少して抗力が増加するため除氷が必要となる。しかし、面積が広いのでコックピットの窓のように電気を用いることは効率的でない。
そのため、ジェットエンジンの圧縮機から抽出した暖かい空気（ブリードエア）を翼前縁部に循環させるようにしている。これにより、翼が暖められるので熱によって着氷を防止できる。

泡の出る便器

小便の落下による飛び跳ねで便器が汚れる。
その防止のため、便座を上げると泡で表面を覆い、飛び跳ねを抑えるようにした。泡を作るため市販の合成洗剤を用いる。

ランフラットタイヤ

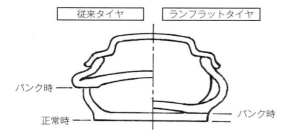

自動車のタイヤはパンクすると空気が抜けるので、そのまま走行すると発熱して破損してしまう危険性がある。ランフラットタイヤは、タイヤのサイドウォールの変形を抑える補強ゴムを装備するため、変形が抑えられ、パンクしても近くの修理工場まで走ることができるのでスペアタイヤが不要となる。

船の横揺れ低減

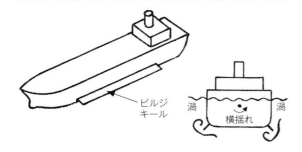

船には、船酔いを起こしやすい横揺れを抑えるため、船の船側と船底のつなぎの湾曲したビルジ部にビルジキール（bilge keel）と呼ばれる細長い板が取り付けられている。横揺れが発生するとビルジキールの背後に大きな渦が発生し、横揺れ速度の2乗に比例する抗力が発生するため、横揺れの減衰力が発生する。

コントロールケーブル

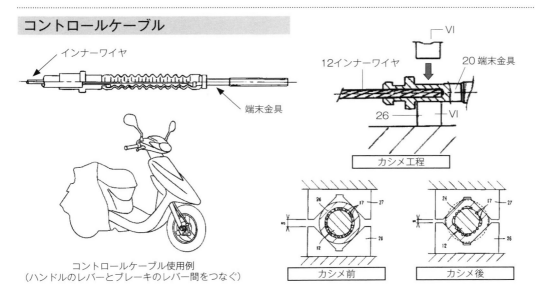

離れた場所に力を伝えるコントロールケーブルは、端部に金具をカシメによって取り付けている。インナーワイヤがステンレスになると摩擦係数が小さくなるため、金具の取り付け強度が低下してしまう問題があった。
そのため、タンガロイなど超硬合金の砥粒をインナーワイヤに塗布した後、カシメするようにした。砥粒が金具とインナーワイヤの両者に食い込むことによって、抜け荷重が向上できた。（特開 2001-56015）

①内部に導入　②外部に導入　③周辺に導入　④物体間に導入

容器の断熱
目的：保温（冷）の改善

1 容器を
断熱材で包む

2 容器を
中空にする

3 容器の
表面を凸凹にする

4 保温(冷)ボックスの
中に置く

5 保温(冷)材を
封入する

容器の断熱は
1 容器を断熱材で包むと保温できる
2 容器を中空にすると断熱効果が高い
3 容器の表面を凸凹にして周囲を覆うと空間ができて断熱できる
4 保温ボックスの中に容器を収めると保温できる
5 保温（冷）材を封入した断熱材で容器を包むと効果が高くなる

船外機の排気

船外機は水中に排気して消音させている。排気抵抗を下げるには浅い位置に、排気音を低減するには水中深くに排気することが必要となる。
そのため、プロペラのボスに空隙を設けて隙間から排気するようになっている。
航走によってプロペラ中心の圧力が低下するとともに、旋回流によって排気を遠くに排出できるので、出力の向上と排気音の低減が可能となる。

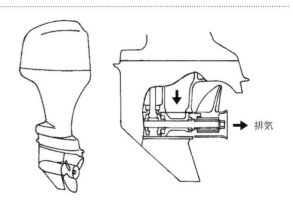

ベンチレーテッドディスク

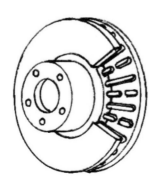

ディスクブレーキのロータは、ブレーキパッド（摩擦材）を挟み付けてブレーキをかけるので、摩擦熱によって高温になる。そのため、ディスクを空洞にしたベンチレーテッド（通風）ディスクとして放熱性能を向上させ、ブレーキの効きを安定させるとともにパッドの摩耗を抑えている。

ディーゼルエンジンのピストン

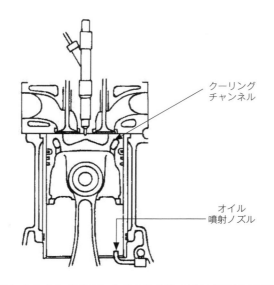

直噴ディーゼルエンジンは、ピストンに燃焼室を設けるためピストンの温度が上がり、シリンダとの隙間変化が大きくなる問題がある。

そのため、クーリングチャンネルを設けて、シリンダ下部から噴射するオイルがクーリングチャンネルでシェイクされピストン内部を冷却するようにした。これで、ピストン温度を効果的に低減することができる。

その結果、ピストン圧縮高さを短くしながらシリンダとの隙間を小さくできるので、エンジン重量や排出されるHCを低減できる効果が得られる。

コントロールケーブル

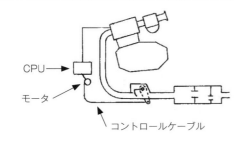

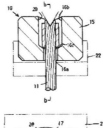

高温部への使用例

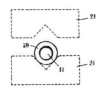
①耐熱締着環を嵌合

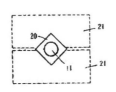
②耐熱締着環をカシメ

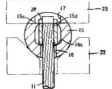
③端末金具をカシメ

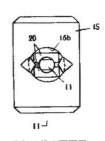
カシメ後の正面図

従来のコントロールケーブルのインナーケーブルと端末金具との結合方法は、はんだや金属ろう、亜鉛ダイカストで固着する方法であった。しかし、マフラなどの高温部を操作する場合には、高温強度が不足する問題があった。そのため、①耐熱締着環にインナーワイヤを挿入して、②Vブロックで上下をカシメて変形させた後、円筒形の端末金具の収容孔に引き込んだ状態で、③収容孔の周縁を楔形の型によって内側に変形させて抜け止めするようにした。

耐熱締着環と端末金具とは端部、径方向とも点接触であるため、端末金具が高温になっても耐熱締着環との隙間によって、インナーワイヤは高温にならないので防錆油が蒸発したりすることがなく、長期間円滑に作動できる。（特開2002-227628）

①内部付加　②外部付加　③周辺への付加　④物体間への付加

炊飯器
目的：米飯をおいしく炊く

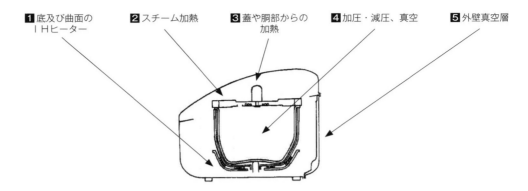

1 底及び曲面のIHヒーター　2 スチーム加熱　3 蓋や胴部からの加熱　4 加圧・減圧、真空　5 外壁真空層

米飯をおいしく炊くのが炊飯器の目的である。
1 ニクロムヒーターでは800W程度が限界だった電気容量が、IHヒーターになってからは1,400Wまで大きくでき、強い火力で炊けるようになった。
2 さらに蓋や胴部にもヒーターを配置し、全体で包み込むような加熱をするようになった。
3 炊き上がり前に一旦温度を上げるため、高温のスチームで加熱するものもある。
4 炊飯の途中で圧力を上げたり下げたりして米を動かすことによって炊きむらをなくすものもあり、また、ひたしの改善のために真空にするものもある。
5 外壁からの熱の逃げを抑えるために真空層にするものもある。

バッテリ付き温熱ベスト

充電式小型リチウムイオンバッテリでマイクロカーボン発熱体を加熱して、首の後ろと背中を暖める。

洗濯機の温水洗浄

洗濯機は冬など水温が低いと汚れが落ちにくい。内蔵したヒーターで水道水を温め、洗浄力を高めて汚れを落としやすくする。シャツなどの白さを保つのにも有効。

超音波剃刀

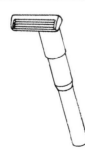

剃刀は髭を抵抗なくカットするために、切れ味の向上が行われてきている。
刃自体の切れ向上に加えて、超音波を加えると刃に加わる力が増すので滑らかにカットできる。

ベンチレーション機能付き自動車シート

座面下に設置した送風機から強制送風した室内空気を、シートの表面にあけた通気孔から吹き出し、快適性を向上する。（2008年日産ティアナ）

ターボエンジンの給気冷却

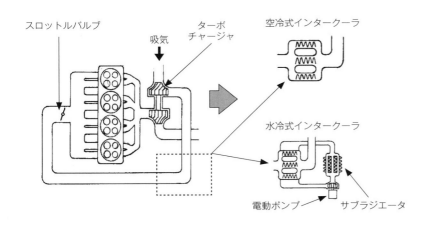

エンジンの出力を向上するために過給すると、吸気温度が上昇し密度が低下するため、圧力に見合った出力が得られないという問題があった。
そのため、空冷式や水冷式のインタークーラを用いて吸気温度を低下させるようにした。
空気密度が向上し、さらにノッキングが回避できるので高出力が可能となった。

高速メッキ

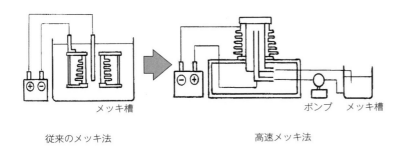

従来のメッキ法は、メッキするものをメッキ槽の中へ漬け込んで処理する方法であったためメッキ時間が長く、メッキ液の持ち出しが多いなどの問題に加えて、作業環境の上からも問題があった。このため、メッキ部分を密閉してメッキ液をポンプで流動させて、大電流を供給するようにした。これによって、メッキの成膜速度が約5分の1に短縮でき、必要な部分にだけメッキ処理ができるようになった。同時に作業環境が改善され、使用する薬品量が少なくなるので環境負荷も軽減されるという結果が得られた。

チェーンソー用エンジンのエアクリーナ

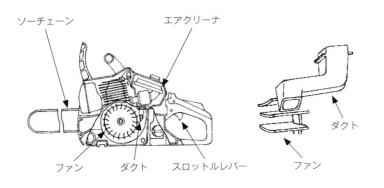

チェーンソーは、木を切る作業時に切屑や砂塵などを発生するので吸気に多量の塵埃が含まれ、エンジンのエアクリーナの頻繁な清掃が必要であった。そのため、エンジン冷却用ファンの外側に、入り口外側を後退させたダクトを備えてエアクリーナに接続して、ファンの遠心力によって塵埃が飛ばされて吸気への塵埃の混入を少なくでき、メンテナンス期間を延長させた。(特開平6-173797)

携帯型エンジンの始動装置
目的：刈払機などに用いられる携帯型エンジン
　　　始動操作の容易化（ロープの引き力の軽減）

1 ロープ　　**2** リコイル　　**3** 緩衝　　**4** 蓄力　　**5** モータ

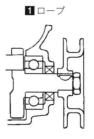 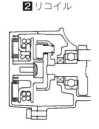 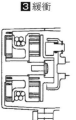 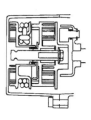 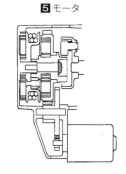

刈払い機などに用いられる小型エンジンの始動方法は
1 最初は、プーリにロープを巻きつけて、ロープを引っ張って始動するものであった。
2 バネによってロープを巻き込むようになった、リコイルスタータが用いられるようになった。
3 圧縮行程のロープ引き重さを軽減するため、バネを介してクランクを回すようにして、軽く引けるようになった。
4 ロープを引いてバネに蓄力してから、バネによってクランクを回すようにしたものは、エンジンの圧縮力による引き力変動を感じなくてすむようになった。
5 バッテリの高性能化に伴って軽量化が可能となり、セルモータを用いることによってロープ引き操作が不要となった。

DCT（Dual Clutch Transmission）

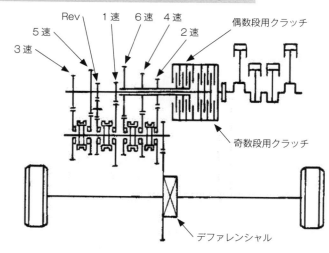

DCTは、奇数段と偶数段とでそれぞれクラッチとミッションとを備える。たとえば3速で走行中に2速か4速のギヤがすでにシフトされたプリセット状態にしておき、車速などが一定の条件に達したときに、走行中のギヤ側のクラッチを切り始め、次のギヤ側のクラッチがつながっていくようにする。クラッチを滑らせるので、最初のギヤと次のギヤとの駆動トルクが重なり合って切り替わるため、素早い変速が可能で、しかも通常のMTのような駆動力抜けがないという特徴がある。

自動車エンジンのバルブ制御装置
目的：高性能化、低燃費化

1 固定　　**2** 片弁休止　　**3** 2段階切換　　**4** 3段階切換　　**5** 連続可変

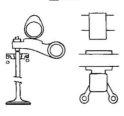

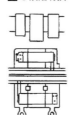

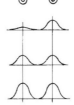

低回転

高回転

無段階

エンジンの動弁装置は、カムによってバルブを作動させているが、性能向上や排気ガス、燃費向上などのため、可変化が行われてきた。

1 かつての、カムによってロッカーアームを介してバルブを押し下げる方式で、バルブリフトも作動角も固定の方式。

2 ロッカーアームを2つに分割して、低回転では片側のバルブを休止させる方式。

3 2つのカムと2つのロッカーアームを備えて、回転によって2段階に切り替える方式。

4 さらに、3つのカムと3つのロッカーアームを備え、回転によって3段階に切り替える方式。

5 アイドリングから高回転まで、リフトと作動角を無段階で連続的に可変できる方式。

ブレーキキャリパ
目的：ブレーキ効力の改善

1 浮動キャリパ型　　**2** 対向ピストン式　　**3** 4ポット式　　**4** 異径4ポット式　　**5** 6ポット式

ブレーキは、同じ入力でいかに効力を上げるかの改善が行われてきている。

1 浮動キャリパ型は片側だけにピストンがあり、ピストンを押し出した反力で反対側のパッドを引き寄せてディスクに押し付ける。

2 対向ピストン式はディスク両方のピストンでパッドを押し付けて制動力を向上させる。

3 4ポット式は、ピストン（ポット）を横に2つ並べることで同じピストン面積では径が小さくでき、外径側に配置できるので制動力を高められる。

4 リーディンク側では自己サーボ効果が出るので、その分だけピストン径を小さくしてパッドを均一な力で押し付けて、摩擦力を高める。

5 6ポット式は、さらに片側を3つのピストンにして、有効ディスク径を大きくとるようにした。

スクータ
目的：防風機能の改善

1 風防なし

2 脚の風防

3 上体の風防

4 全身の風防

オートバイと異なりスクータは快適性が求められるが、防風機能の向上はデザイン的に成立しないと難しいため、実現しにくいものであった。基本的には雨や風に防御できない乗り物であるが、一部とはいえ、防風機能の進化がなされている。

ターボチャージャ

1 ノズル面積可変
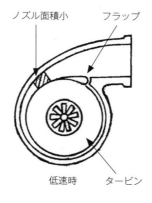

2 流入角度可変
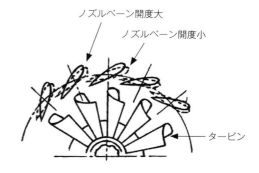

ターボの効いていない低速、低負荷から、スロットルに対していかに遅れを少なくターボを効かせるかがターボの課題である。低速、低負荷時の、ターボへの流入ガス量の少ないときでも効率よくタービンを駆動させて過給効果を得ることであるが、最大ガス量からタービンの大きさが決定されるので、低速では効果が得にくくなる。そのため、
1 ノズル面積を可変にして、低速でのガス流入速度を上げる。
2 タービンブレードに当たるガスの流入角度を可変にする。
という方法が採用され、低回転、低負荷からのターボラクを小さくできるようになった。

自動車のドアミラー

ドアミラーはドライバーの体格や乗車姿勢によって目の位置が変わるため、ミラーの角度調整ができることが必要であり、また、突起物でもあるため、折りたたみができることも必要である。ドライバー側は調整しやすいが助手席側は面倒である。
そのため、ミラーの角度調整や格納などがモータによって車内のスイッチ操作で可能となっている。
さらに、ターンシグナルランプも加えられたり、後退時に鏡面が下向きになるなど機能が進化している。

ラチェットレンチ

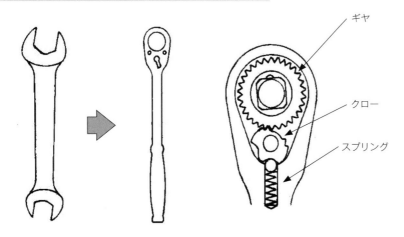

ボルトを締めたり緩めたりするためにボルトを回す際には、一般にスパナが用いられる。しかし、スパナは、ボルトにセットして回して外してセットし直すため、作業効率が悪い。
そのため、ラチェットによって逆方向に空転可能にして、外してセットし直す作業を不要とできるようにした。これにより、素早くボルトが回せるようになり、作業効率が向上した。

①モノリス　②分割したモノリス　③液体・粉末　④ガス・プラズマ　⑤電磁界

鍵
目的：ピッキング対策の強化

1 ピンシリンダー
2 ディスクシリンダー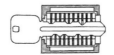
3 ロータリーディスクシリンダー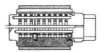
4 マグネチックシリンダー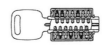
5 ICカードキー

出典：「錠と鍵の世界」赤松征夫 著、彰国社、1995年

鍵は安全性の確保のためピッキング対策が行われてきており、組み合わせを多くして鍵違いの数を多くすることが行われてきた。

1 ピンシリンダーは、内筒と外筒の間（シャーライン）にタンブラーを入れて普段は内筒の回転を阻止しておき、鍵が差し込まれた時だけタンブラーが回転できるようにしたもの。

2 ディスクシリンダーはピンタンブラーを板状にしたもので、違い板を多く並べられることから、より多くの鍵違い数ができる。

3 ロータリーディスクシリンダーは、ディスクシリンダーをより複雑、高度にしたもので、タンブラーは軸を中心に回転するC字状になっており、鍵を挿入すると軸を中心にスイングして開錠できる。

4 マグネチックシリンダーは、タンブラーと鍵の両方に磁石が埋め込まれており、外筒側からスプリングに押されてシャーライン上にはまり込んでいるタンブラーを、鍵側のマグネットが反発して外側に押し出すようになったもの。

5 ICカードキーは、キーに埋め込まれたICチップと錠本体との間で情報の受け渡しをして照合して開錠するもので、多くは非接触。

ディーゼルエンジンの燃料噴射

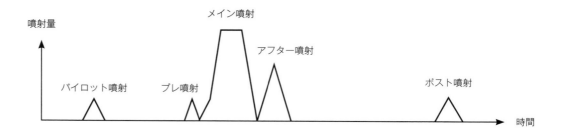

ディーゼルエンジンはPM（Particulate Matter）とNOxの低減という相反する課題に加え、騒音低減も大きな問題となっていた。そのため、コモンレール式と呼ばれる方式で、160MPa（1,600気圧）以上の圧力に加圧した燃料を1回の燃焼サイクルで5回の噴射を行うようにした。

これにより、低回転から高速噴射が可能となり、微細化した燃料噴霧によってPM低減と燃費向上が可能となった。

さらに、排気温度の上昇も実現できるのでNOx触媒の浄化率が向上でき、穏やかな燃焼圧力上昇によって騒音低減も実現できた。

双胴船

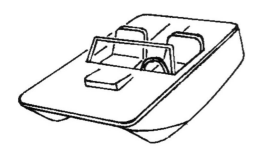

船体を縦に２つ平行につないだ双胴船は、細長い船体でも安定性が得られるので高速艇とでき、広いデッキ（甲板）が得られる。

糊

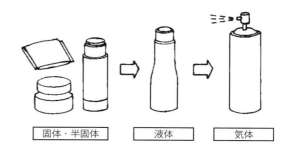

糊は半固体のものを指で塗っていたが、指が汚れる問題があった。そのために、直接触れる必要のない固体の口紅タイプのものや液体タイプのものが用いられるが、広い面に糊をつけるには気体タイプが効率的である。

携帯型エンジンの潤滑

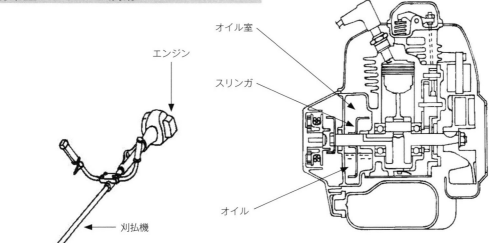

刈払機などに使用される携帯型エンジンは、上下左右あらゆる姿勢で運転できることが必要であるため、４サイクルエンジンを適用しようとすると、自動車エンジンのようにオイルパンに溜めたオイルをポンプで送る方法では、姿勢によっては空気を送ってしまい潤滑できなくなるという問題があった。

そのため、オイル室のオイルを回転するスリンガによって噴霧状にして供給する方法が考えられた。

ピストンの上昇によってクランク室に噴霧を吸入し、ピストンの下降によってクランク室から押し出すようにして、上部の動弁機構にも潤滑できるようにした。

これによって、360度の姿勢で運転でき、従来、２サイクルエンジンのみであった携帯型エンジンに、４サイクルエンジンが適用できるようになった。

①モノリシック　②空洞　③複数の空洞　④毛細管および多孔性　⑤活性毛細管

防振ゴム
目的：振動・衝撃の緩衝

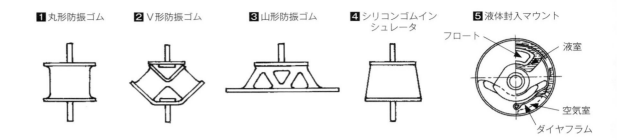

機械などからの振動や騒音を遮断するための防振ゴムでは
1 ブラケットにゴムを焼き付けた単純な丸形防振ゴムは、上下方向の振動に対応して用いられる。
2 加振力の大きな機械用として、また複雑な振動系の防振のためにV形防振ゴムが用いられる。
3 上下方向に柔らかく横方向の分定性を確保したものが山形防振ゴム。
4 柔らかくダンピング性能も持ったものとして、シリコンゴムやα GEL インシュレータがある。
5 自動車の横置きエンジンに用いられる、細かな振動は柔らかく吸収し、かつダンピングを効かせるための液体封入マウント。

自動車の電子制御エアサスペンション

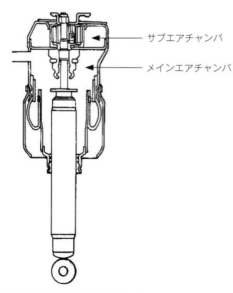

セルシオの電子制御エアサスペンション

サスペンションに空気バネを用いると、バネ特性がプログレッシブ（漸増的）とできるので、小さな凸凹は柔らかく、大きなショックはしっかりと受け止められ、金属バネでは得られない特性が得られる。このバネ定数を決めるものとして、空気室の容積がある。
そのため、メインとサブの２つのチャンバーの仕切りを開閉して、チャンバー容量を切り換えて空気バネ特性を変えるようにした。
メイン＋サブエアチャンバーの容積ではソフトなバネ特性が得られ、チャンバーを仕切ってメインチャンバーだけを使うとハードなバネ特性になる。
これによって、低速では乗り心地を良くするためにソフトに、高速では安定性を良くするためにハードにと自動的に切り換えることができる。

自動車の電子制御エンジンマウント

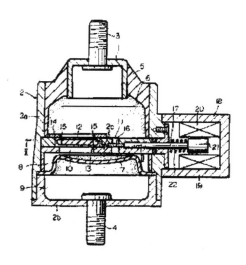

エンジンマウントは、自動車のエンジンをボディに確実に取り付けるとともに、エンジンからの振動や騒音の伝達を遮断することが重要である。それには、広い周波数でバネ定数を低くすることが必要であるが、始動時など大きなトルク変動には、バネ定数を大きくしてエンジンの揺れを抑えて早く収束させるという、相反する特性が必要となる。そのため、液体を封入した2室の間を絞りによって接続し、運転時には絞りの面積を大きくし、始動時などには面積を絞るように、絞りを可変にする液体封入マウントがある。

これにより、バネ定数が可変にできるので、運転時の振動、騒音の遮断と、始動時などでの揺れを抑制、収束することができる。(実開昭59-122447)

副燃焼室付きエンジン

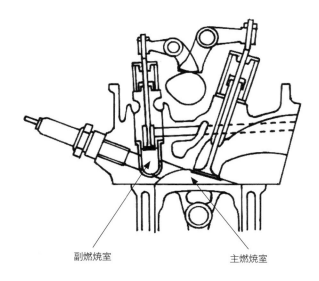

主・副燃焼室を設けて、副燃焼室に濃厚混合気を、主燃焼室に希薄混合気を供給し、全体として希薄混合気での運転を安定させるようにして排気ガスを改善したエンジン。

151

①平らな表面　②突起のフル表面　③粗い表面　④活性細孔のある表面

二輪車のブレーキディスク
目的：効力改善、冷却、軽量化

❶ソリッド

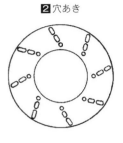
❷穴あき

❸フローティング

❹波形外径

二輪車のフロントブレーキは、手で作動させるので入力が小さいため、自動車以上に効きが求められる。しかも、目に見えるので錆びないようステンレスを用いるため効きが悪くなる。
❶最初は単なるディスクであった。
❷軽量化や雨中での効きを向上するため、穴が開けられるようになった。
❸そして、熱による変形を抑えるため、ピンで浮かせて取り付けるフローティングデイスクが採用された。
❹さらに外径を波型にして空気との接触を増やすようになった。

エンジンのシリンダライナ

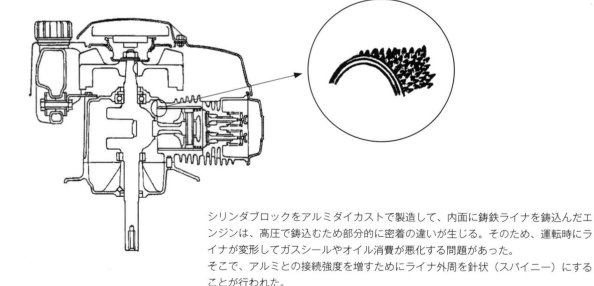

シリンダブロックをアルミダイカストで製造して、内面に鋳鉄ライナを鋳込んだエンジンは、高圧で鋳込むため部分的に密着の違いが生じる。そのため、運転時にライナが変形してガスシールやオイル消費が悪化する問題があった。
そこで、アルミとの接続強度を増すためにライナ外周を針状（スパイニー）にすることが行われた。
これにより、ダイカスト製シリンダブロックでも運転中の真円度が得られるようになった。

エンジンの軸受

マイクログルーブ

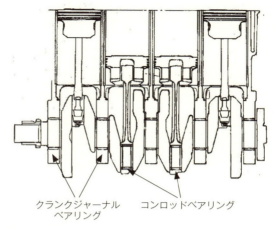

クランクジャーナル　コンロッドベアリング
ベアリング

エンジンの摩擦損失の中で、軸受の摩擦損失はピストンの摩擦損失に次いで大きな割合を占めているが、軸受の摩擦損失は、軸受面積を小さくしたり、軸との隙間を大きくしたりすることで低減できる。しかし、いずれも軸受能力が低下する。従って、隙間を小さくしながら摩擦損失を低減することが必要となる。

そのため、マイクログルーブと呼ばれる微細な溝を軸受け面に設ける方法が採用された。

これにより、軸受け温度が低下でき、軸受能力が向上した結果、軸受面積の縮小が可能となり、摩擦損失を低減できた。

新幹線500系のパンタグラフ

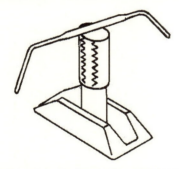

新幹線車両は、走行時の騒音が厳しく規制されているが、パンタグラフの発生する騒音は大きな要因となっていた。そのため、山陽区間で300km/h運転を行う500系車両では、空力の追求が必要となった。

これに対し、従来の関節構造のパンタグラフを廃して空気圧によって制御するものが採用された。

そして、表面に設けたボルテックスジェネレータと呼ばれる歯のような突起によって小さな渦を作り、大きな渦の発生を防ぐようにした。これにより、空気抵抗・風切り騒音を減らすことができた。

プラスチック製しゃもじ

プラスチック製しゃもじは、米飯をくっつきにくくするため、表面に多数の突起を設けて米飯との接触面積が小さくなるようにしている。

①連続流　②分岐流　③いくつかに分かれた分岐流　④多く分かれた分岐流

二輪車用2サイクルエンジンのシリンダ
目的：出力の向上

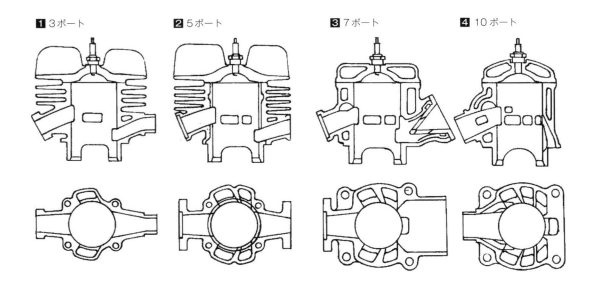

❶ 3ポート　❷ 5ポート　❸ 7ポート　❹ 10ポート

かつて二輪車に用いられていた2サイクルエンジンである。2サイクルエンジンは掃気ポートから新気によって既燃ガスを押し出してガス交換しているため、出力の向上に伴ってシリンダのポートが増えていった。

❶ 最初は、教科書のエンジンの作動説明の図に出てくるような、対向する掃気ポートから新気を吹き出して掃気するものだった。

❷ 流れの方向を違えた補助掃気ポートが追加され、出力が向上した。

❸ リードバルブによって吸気ポートを掃気ポートにする方式になってさらに出力向上が図れた。

❹ レース用では、さらに補助掃気ポートを設け、排気ポートにも補助排気が加えられるようになった。そして、数値的にはリッター当たり400PSを超える出力となった。

食器洗い乾燥機

食器洗い乾燥機では、洗濯機のように洗う対象を動かすことができないため、水の当て方によって洗剤液を食器全体に行き渡らせることと、洗剤液による洗浄力を強化することが必要となる。そこで、

❶ 回転しながら水を噴出するブーメランノズルと、庫内の奥から水を噴出するダブルアームの固定ノズルを備える。

❷ 超音波で洗剤液をミストにして、ミストが汚れの表面にぶつかって破裂したときに直径が3μmくらいの穴が開き、そこに洗剤を浸透させて汚れを剥がれやすくする。

これによって、節水や除菌など手洗いを超えるレベルの洗浄が実現されている。

ターボエンジンの排気マニホルド

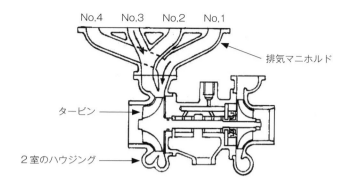

排気エネルギーをターボに作用させるためには、排気マニホルドを短くすることが効果的である。しかし、逆に排気中に次の行程からの排気が流入して、排気が流れにくくなるという問題がある。
そのため、4気筒の排気を360°点火間隔ごとに2つにまとめて、タービンのハウジングを2室に分割して交互に流入させるようにした。
これによって、効率よくタービンを駆動でき、流入ガス流量の少ない低速、低負荷からでも過給効果が得られるようになった。

副吸気通路付きエンジン

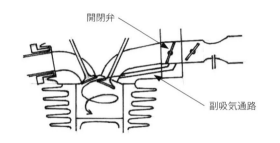

スロットル開度が小さい低負荷では、吸気量が少ないので燃焼が不安定となりやすい。そのため、開閉弁を閉じて副吸気通路より吸気を流す。副吸気通路はシリンダ中心から偏心させて開口されており、高い流速で流入するので、シリンダ内でスワールを発生して燃焼が改善する。

節水型水洗トイレ

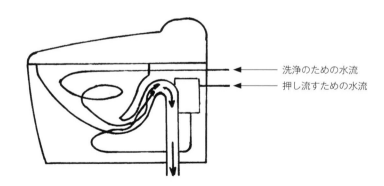

水洗トイレは逆U字管の抵抗に逆らって押し流すために、従来は1回の洗浄に約15ℓの水を必要としていた。
そのため、人の多いオフィスビルなどではトイレの使用水量が大きな割合となっていた。しかし、水量を減らすと流せなくなる問題があった。
そのため、洗浄のための水流に、逆U字管入口に押し流すための水流を加える方法が採られた。
これにより1回の洗浄に必要な水が4.8ℓですむようになり、大きく水量を減らすことができた。

①不動系　②ジョイント　③複数のジョイント　④完全弾性　⑤液体・気体　⑥電磁界

エンジンバルブの戻し荷重発生方法
目的：高回転化・低ロス化

1 1本スプリング　**2** 2本圧入　**3** 異径スプリング　**4** 強制開閉　**5** ニューマチック　**6** 電磁石

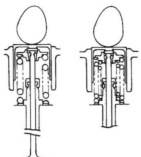 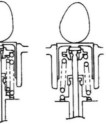  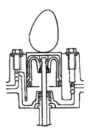 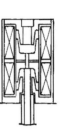

エンジンのバルブはカムで押し下げられて、戻る際にはバネの荷重で戻るようになっているが、高回転でも安定して作動できることが必要である。

1 初期は回転も低く、1本スプリングであった。

2 高回転になるとバネのサージングが発生するため、粗と密に巻いた2段ピッチのスプリングとし、内と外とで巻き方向を変えた上で内側バネを圧入したものが用いられた。

3 燃費などへの対応のため、往復運動するバネの上部側を小径にして軽量化し、摩擦ロスを低減するものが用いられるようになった。

4 バネでなく戻しをカムによって行う、強制開閉方式もごく一部であるが用いられている。

5 レースでの高回転・高リフトでは金属スプリングでは耐えられないため、窒素ガスを用いてカムに押し付ける方式が用いられている。

6 実用化はされていないが、電磁石を用いる方法も研究されている。

> 上記は必ずしも可動性の調整という進化が当てはまりにくいが、
> 高回転・高リフトを可能にする設計の自由度という意味で紹介した。

スケート靴

ノーマルスケート

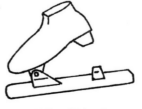

スラップスケート

スケート靴は、ブレードをつま先とかかと部分で固定しているので、かかとが上がるとブレードが氷から離れてしまう。

そのため、つま先部分をピンで取り付け、かかとの部分がブレードと離れ、キックした後につま先部分のバネでブレードが戻るようにした。これにより、かかとが上がってもブレードが氷に接しているので、長く氷に力を伝えられるためスピードが上がるようになった。

洗濯機の防振装置

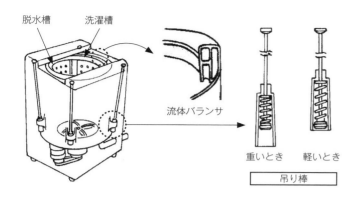

全自動洗濯機の本体は、洗濯槽の内側に脱水槽が一体になった構造となっているため、回転時にバランスを崩しやすく、脱水時に振動や騒音を発生しやすい。

その対策として、洗濯物の片寄りを吊り合わせる塩水が容積の半分入った流体バランサと、4個所の吊り棒で洗濯槽を宙吊りに支える構成となっている。

吊り棒は脱水初めの洗濯物が重いときにはスプリングと空気の圧力で洗濯槽を支え、脱水が進んで軽くなるとスプリングがフリーになって柔らかく揺れを吸収する。

プール

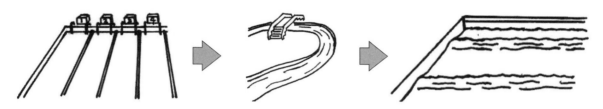

プールは水泳のために水面が静止しているものであったが、流れるプールは屋外での楽しさが増し、波の起きるプールはさらに遊ぶ楽しさを加えたものとなっている。

レールの固定

鉄道のレールを枕木などに固定する締結装置は、軌道の狂いが生じないようにしっかりとレールを固定し、かつ、レールが発生する振動やたわみを吸収することが必要である。そのため、板バネによってレールに弾性を持たせて取り付け、さらに軌道パッドを用いて上下左右前後方向に弾性的に締結した、二重弾性締結という方法が採られている。これにより、車両通過時のショックが少なくなり乗り心地も向上している。

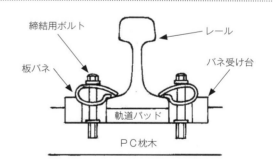

自動車シートの調整

自動車のシートは、体格に合わせて
- 前後スライド
- シート上下
- 座面前端上下
- リクライニング
- ランバーサポート

が無段階で調整できる。

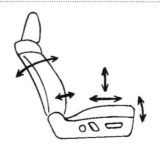

①連続作用　②パルス作用　③共鳴波にする　④結合波にする　⑤進行波にする

送電
目的：効率の向上

1 直流では電圧低下して遠方への送電が難しくなる。
2 交流にすると電圧低下を減らすことができる。
3 電圧を上げるとさらに効率が上げられる。
4 三相化することで電圧変動が減少できる。
5 周期は一定で入力信号の大きさに応じてパルス幅のデューティサイクルを変え、モータを制御するＰＷＭ（Puls Width Modulation）回路は電力ロスが軽減されトランジスタの発熱も抑えられる。

自動車エンジンの吸気ポート

自動車エンジンでは、吸気バルブからサージタンクまでの長さを、吸気慣性効果の得られる長さに設定して体積効率を向上し、トルクの増加を図っているが、吸気慣性効果を上げるには流速が高いほうが効果的である。
そのため、ポートの途中を絞って吸気流速を上げ、吸気バルブが閉じる前の吸気の慣性を大きくして、体積効率の増加を図るようにした。

エンジンのプレッシャウェーブ過給

エンジンの排気によって生じる圧力波を利用して吸気を過給するPWS（Pressure Wave Supercharger）と呼ばれる方式は、エンジンで駆動する円筒状のハニカム回転体を使用し、排気ガスと吸気の圧力波の位相差を合わせて、その圧力差で過給する。
異なった圧力を持つ２つの気体が接触した場合に、２つの気体が混合するより速く圧力の均一化が行われる特性を利用した作動原理であり、PWSは排気の圧力波で吸気を直接燃焼室に押し込むため、アクセルに応じて瞬時に高い過給圧が得られる特長がある。

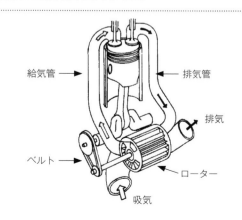

158

自動車エンジンの吸気マニホルド

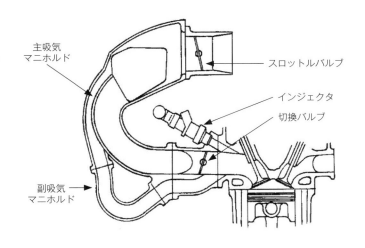

自動車エンジンでは、吸気バルブからサージタンクまでの長さを、吸気慣性効果の得られる長さに設定して体積効率を向上し、トルクの増加を図っている。
しかし、一般に高速回転にマッチングさせるため、低速回転では吸気慣性効果が得にくくなる。
そのため、高回転と低回転それぞれにマッチした長さの吸気管を備えて、運転によって切り替える方法が採用された。
これにより、高回転に適合した太くて短い主吸気マニホルドで抵抗を減らして体積効率を向上し、低回転に適合した細くて長い副吸気マニホルドによって流速を上げて慣性効果を増大させることができ、低速から高速まで性能向上が実現できた。

音の小さなのこぎりの歯

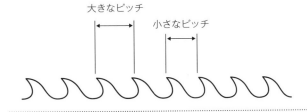

金属の切断に用いられる帯鋸などの歯は、ピッチが一定だと切削に際して音が大きくなる。
歯のピッチを変えると周波数が違ってくるため、騒音が小さくできる。
さらに、ピッチが大きいと歯の抵抗が大きくなって磨耗しやすくなり、ピッチが小さいと目詰まりしやすくなるが、ピッチを違えるとこれらに対しても効果が得られる。

2サイクルエンジンの排気膨張管

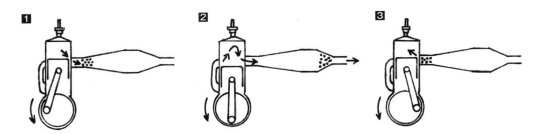

2サイクルエンジンは、排気膨張管による排気圧力の反転動作を利用して出力向上を果たしている。
1 燃焼圧力でピストンが押し下げられ排気孔が開くと、圧力波が排気管の中を進む。
2 排気膨張管の収縮部に達した圧力波は、ここで反転して排気孔側に向かう。シリンダ内は新気によって排気が押し出され、一部の新気は排気孔から吹き抜けている。
3 ピストンが上昇し、排気孔が閉じる直前に、吹き抜けた新気が戻ってきた圧力波によってシリンダ内に押し戻される。
上記の作用によって、充填効果を高めて出力を向上させている。

自動車エンジン冷却水温の制御
目的：水温の適正化

1 直結ファン

2 電動ファン

3 温水保温

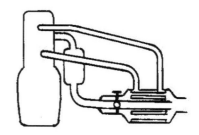
4 排気ガス加熱

自動車エンジンの冷却水温の制御は
1 初期には、クランクからベルトで駆動されるファンによって、いつでも回転に応じた冷却風量が送られるようになっていた。過冷却を防ぐため、サーモスタットでエンジンとラジエータとの間の水の流れを制御している。
2 ＦＦ方式に伴いエンジンの配置が変わり、ファンが直結できなくなり、電動ファンが用いられるようになった。水温が上がったときだけファンを回すという考え方。
3 ハイブリッド車では、モータ走行時にエンジンは停止しているので、冷間始動からの低速走行では水温上昇が遅い。そのため、魔法瓶に運転時の温水を溜めておいて、次の始動後の早期水温上昇に用いるようになった（北米向け2代目プリウス）。
4 ハイブリッド車での冬場でのヒーターの効きを上げるため、排気温を用いて積極的に冷却水温を上げるようになった（3代目プリウス）。これは従来のような冷却水温を低減するだけでなく、水温の制御という段階となってきている。

自動車の可変気筒エンジン

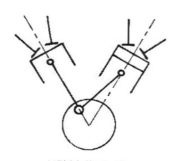
Ｖ型6気筒エンジン

6気筒運転
（発進時や加速時）

3気筒運転
（巡航運転時）

4気筒運転
（3気筒からの緩やかな加速時）

自動車の燃費改善を目的とした可変気筒エンジン。市街地走行などの低負荷での運転では、1サイクル当たりに吸入する空気量が少ないため、吸気の抵抗によるロスが大きく燃費が悪くなる。そのため、運転するシリンダ数を変えて、効率の良い運転をさせる。
発進時や加速するときには出力が必要なので6気筒運転するが、エンジンの負荷が少ない巡航運転時には片側列だけの3気筒運転として、燃費の良い運転をする。そして、3気筒運転時からの緩やかな加速時には4気筒で運転し、6気筒運転での走行頻度を少なくする。
これらの気筒可変はバルブの作動を制御することで行っている。ホンダインスパイアやエリシオンに採用された事例。

自動車エンジンの発電制御

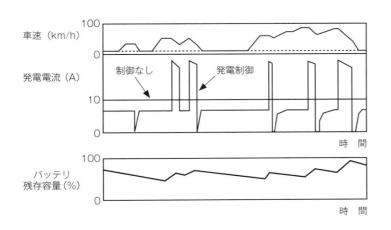

発電機（オルタネータ）の駆動はエンジンにとって負荷となるため、燃費改善のためには低減したい。
そのため、加速時や停車時に発電電流を抑えて発電負荷を軽減し、エンジン負荷を減らすようにした。一方、減速時には積極的に発電するようにして充電を補う。
これにより、ブレーキ時に熱として放出していたエネルギーを回生できるため、発電ロスが減り燃費改善に効果が得られた。

ターボの制御

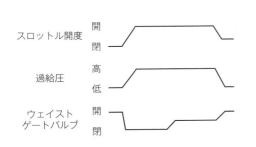
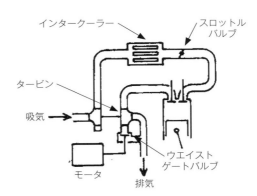

ターボを備える自動車用エンジンは、過給を要しない低回転・低負荷では排気抵抗が増えて燃費が悪化し、排気温度が低下するために触媒が働きにくい。そのため、低回転・低負荷ではウエイストゲートバルブを開いて排気ガスを直接通過させるようにして、スロットルが開くと瞬時に閉じてターボの効きの遅れをなくした。ウエイストゲートバルブは高回転で排気を逃がしてターボの効きを制限するもので、かつては排気圧で作動するON-OFF制御であったが、燃費改善のために電気的な制御によって細かく作動させている。

トイレの暖房便座

家庭でのトイレの使用時間は1日で平均1時間に満たないが、トイレの暖房便座は使用していないときでも通電している。
そのため、使っていないときには保温電力を下げるかあるいはカットしておき、センサーが人を感知して使うときだけ通電して便座を暖めるようにした。
これにより、使わない時間の電力消費を抑えられるので、電気代が抑えられる。

NC工作機械の送り制御
目的：制御の高速化、位置精度の向上

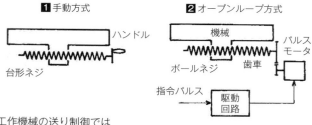
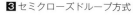
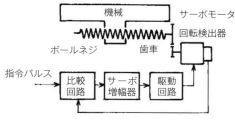
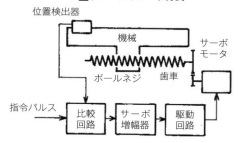

ＮＣ工作機械の送り制御では
1. ＮＣ以前ではハンドルを回して送りネジによって移動させる方式であった。
2. パルスモータを用いると、パルス入力に対して比較的高い信頼性でパルスモータが作動するという前提で、構造が簡単なオープンループ方式とされた。
3. セミクローズドループ方式は、比較的高いトルクを持ち高速回転できるサーボモータが用いられ、フィードバック回路としてレゾルバあるいはエンコーダを用いてモータの回転角度とネジリードから位置を算出する方式。
4. クローズドループ方式は、リニアスケールなどで移動体の位置を検出してフィードバックするもので、ボールネジが有するピッチ誤差や熱変位などの影響を受けることがなく、高い精度が得られる。

自動車のブレーキ制御
目的：効力の改善、作動の安定化

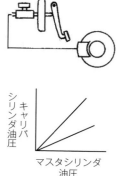
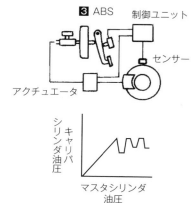

自動車のブレーキは、
1. 少ない踏力でよく効くブレーキにするために油圧を上げる必要があり、倍力装置が使われていた。
2. 単にブレーキを効かせてもスリップしてしまうので、後輪に対して一定以上の油圧の上昇を抑えてスリップしにくくなるよう、Ｐバルブ（プロポーショニングバルブ）が用いられた。
3. 電気的に車輪の回転・停止をセンシングして油圧を制御するABS（アンチスキッドブレーキシステム）になった。

電気掃除機

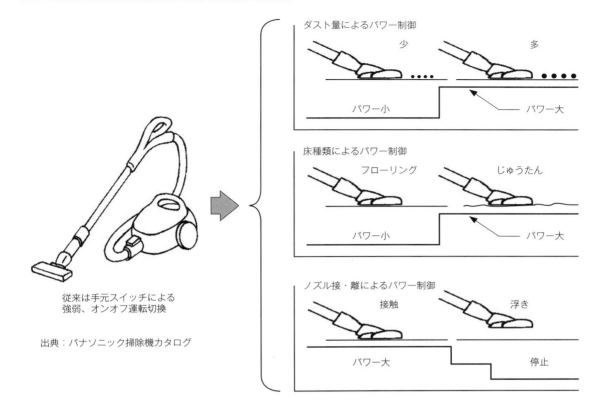

掃除機はゴミを吸い取るが同時に使用電力を抑えたいという要求がある。そのため、ダスト量や床面の種類に応じてパワーを制御するようになった。

洗濯機

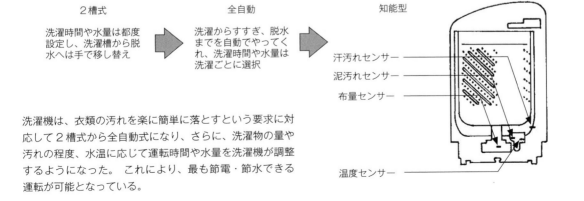

洗濯機は、衣類の汚れを楽に簡単に落とすという要求に対応して2槽式から全自動式になり、さらに、洗濯物の量や汚れの程度、水温に応じて運転時間や水量を洗濯機が調整するようになった。これにより、最も節電・節水できる運転が可能となっている。

レース用二輪車の排気管
目的：出力の向上

■1 排気管のみ

■2 ディフューザ付き

■3 集合

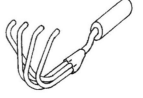
■4 集合

二輪車のレース用などでエンジンの出力を向上しようとしたとき、排気管は
■1 最初はとにかく排気の抵抗を少なくすることが効果的だろうと、排気管から大気に開放するものだった。
■2 テーパ管を用いることで、ディフューザによる吸出し効果が得られて出力が向上することがわかり、1気筒ごとに独立した排気系が採用された。
■3 集合させても出力的に不利になることはないことがわかり、独立よりも重量的に有利な集合排気が用いられるようになった。
■4 集合の仕方によって出力に効果があることがわかり、2つずつ上下に配置して他の排気の流れによる吸出し効果を利用し、出力向上を図る集合方式になった。

エンジンの放射バルブ

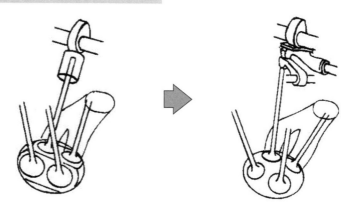

エンジンの出力を増すためには、高回転での吸入空気量を確保することが必要で、そのためにはバルブ径の拡大が必要となる。
しかし、バルブ径を大きくしようとするとボアサイズも大きくなってしまい、燃焼室が扁平となるため熱効率が低下してしまう。
そのため、同じシリンダボア径で最大のバルブ径を得るために、吸・排2つずつのバルブを放射状に配置した。　理論的には最小の燃焼室表面積とでき、熱効率の低下を抑えることができる。

ヘアーブラシ

整髪に用いる櫛は目が小さいので、女性の長い髪では絡まってとかしにくい。ブラシは目が粗いので、長い髪でも絡みつくことがなく、楽にとかすことができる。

ゴルフシューズのスパイク

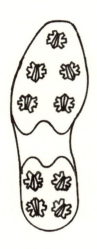  

ゴルフシューズのスパイクは、芝とソールとの滑りをなくすとともに芝を傷めないことが求められるが、靴底の位置によって力や向きが異なるという問題がある。そのため、メーカーごとに違いはあるが、支える面を増やすとともに方向性を持たせた立体的形状とし、横方向の力を止めるようになっている。

飛び出す絵本

飛び出す絵本には、折りたたまれた紙などの構造物が挟まれており、ページを開くと左右に引っ張られて立体的にせり出す。

スプリング
目的：緩衝、位置決め、締め付けなど

1 トーション
スプリング

2 クリップ

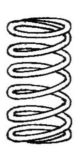
3 コイルスプリング

4 マルチラス
スプリング

1 トーションスプリングは直線の棒を捻ってバネとして用いる。
2 二次元に曲げられたクリップは固定や位置決めに用いられる。
3 コイルを螺旋状に巻いたスプリングは圧縮や引っ張りに使われる。
4 マットレスなどには複合形状のスプリングが組み合わされて用いられる。

麺生地用ミキサー
目的：粉体の撹拌混錬

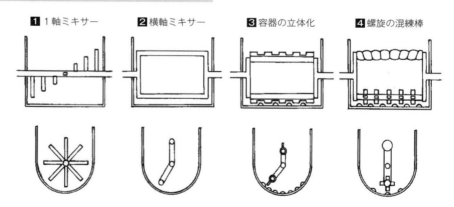

1 1軸ミキサー　2 横軸ミキサー　3 容器の立体化　4 螺旋の混練棒

ラーメンやうどんなどの麺生地用ミキサーは、効率よく小麦などの粉体を撹拌混練し、グルテンの発生を良好にすることが必要である。

1 棒状混練羽根を設けた1軸ミキサーは、加水率の低い麺生地の混練用として使用されているが、多加水率の生地は羽根や回転軸に粘りつくため、混練効果が発揮できにくい。

2 ロ字状の撹拌体を備えた横軸ミキサーは、グルテンの破壊がなくミキサーとしては良好であるが、回転抵抗が大きくなるため、多加水率の麺生地の混練用として使用される。

3 多加水生地をもっと効率よく製造するために、回転自在な掻き上げ体を設け、容器の底部に凸部を設けて生地の製造を速くできるようにした。

4 一台のミキサーで少加水率の麺から多加水率の麺まで、混練を効率よく行えるようにするため、色々な形状の回転棒を組み合わせるようにした。螺旋の作用によって麺生地が横方向にも移動するので、均一でムラなく混練できるうえ、手もみ風の強弱を加えることができ、グルテンを効率よく発生できるようになり味も向上した。

蛍光管

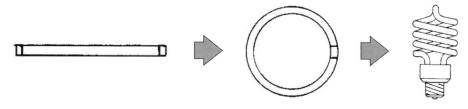

蛍光灯の管は発光面積を大きくしながら小型化が求められる。
そのため、直線から二次元の円、そして三次元の螺旋形状となった。

コントロールケーブル

自動車のフューエルリッドケーブルや、エンジンのスロットルケーブルなど、離れた場所に力を伝えるコントロールケーブルは、曲がりを許容しながら効率よく力を伝えることが必要である。　そのため、インナーワイヤを1本の鋼線から、細い複数の鋼線よりなる撚り線としている。これにより、容易な配索とでき曲がり部の摩擦が低減される、効率の良い伝達が可能となっている。

エンジンのオイルフィルター

菊型　クリスタル型

エンジンのオイルフィルターは、オイル中のダストや磨耗粉などの夾雑物を除去しながら、抵抗を減らすためには、ろ紙の面積が必要である。そのためには山数の増加が必要となるが、山のピッチは一定以上には小さくできないため、菊型からクリスタル型にして山数を増大することによって、ろ紙面積が効率的に使用できるようにした。これにより、夾雑物の捕集能力を上げながら小型化が可能となった。

自転車のフレーム

自転車のフレームは軽量化が求められるため、パイプが直線で三角形に配置されている。　しかし、特に荷物を積んだときなどは乗り降りに不便であった。
そのため、フレームがまたぎやすいU字型形状にされた。
これにより、後部に荷物を載せてふらつきやすいときにも、小柄な力のない女性でも乗り降りがしやすくなった。

①平面　②1方向に湾曲　③2方向に湾曲　④複合湾曲

戦闘機の主翼
目的：飛行の高速化と安定性

1 矩形翼　　**2** テーパー翼　　**3** 後退翼　　**4** デルタ翼　　**5** 全翼機

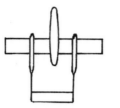    

戦闘機の翼は空気との戦いにおける高速化と安定性の追及である。
1 航空機の主翼は最初は単純な矩形翼であった。
2 速度が上がるにつれて翼に加わる負担が増してきたため、翼の付け根に加わる負担の少ないテーパー翼になった。
3 4 ジェット機の時代になると、亜音速以上の高速域で安定性の優れた後退翼やデルタ翼が登場するようになった。
5 そして全翼機という考え方になった。

マスク

花粉や埃の防止に用いられるマスクは、平らな布製のものであった。従って、鼻との間に隙間が生じたり、話するために口を動かすと位置がずれるなどの欠点があった。
そのため、上端にワイヤなどの折り曲げ可能部材を設けて、顔の形状に沿って隙間をなくすようになった。
さらに、材質を不織布にしてプリーツを設けることで容易に変形可能にした。
これにより、隙間から花粉や埃を吸入することなく、装着したまま話しても位置がずれなくなり、また息がしやすくなった。

二輪車用ラジエータ

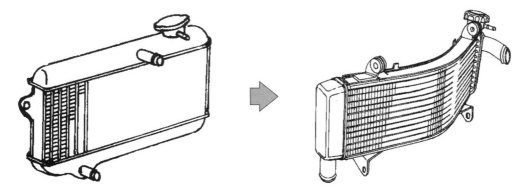

自動車などエンジン冷却のためのラジエータは、一般に平板型のものである。
二輪車ではラジエータの横幅が前面投影面積に影響するため、高速での走行抵抗に影響する。そのため、横方向に湾曲させたラウンドラジエータが採用された。
これにより、同じ放熱面積なら横幅を狭めることができるので、車両の幅を小さくすることができるようになった。また、エンジンとの隙間が大きくなるためラジエータを通過した空気を排出しやすくなり、冷却も改善することができた。

ローエッジコグベルト

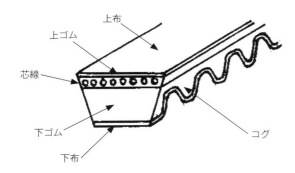

CVTはベルトとプーリとの摩擦力で動力を伝達するが、油圧を用いず小さな推力で可能とするため、二輪車など小型車両のCVTは、ゴム製Vベルトが用いられる。ベルトはプーリに巻き付け時に曲がるため、ゴムの変形によってロスが発生する。そのため、コグと呼ばれる歯形形状にして、屈曲性を向上させてロスを低減している。

ころ軸受のクラウニング

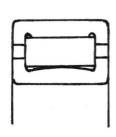

ころが正規の自転軸に対して傾いたりして、軌道ところとの接触部の端部に応力集中が発生し、寿命が低下する場合がある。そのため、軌道またはころにクラウニングと呼ばれるわずかな曲率を持たせる。

①平面　②円筒面　③球面　④複合面

軸受
目的：ロスの低減と取り付け容易化

❶ 平軸受　　❷ ニードルベアリング　　❸ ボールベアリング　　❹ 自動調心玉軸受

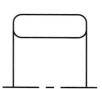 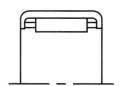 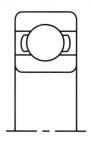 

回転部に用いられる軸受け。
❶ 構造的には最も簡単な、ブッシュやメタルなどの平軸受。潤滑条件や表面の仕上げがよければ、エンジンのクランク軸受のような大きな荷重に耐えられる。
❷ ニードルベアリングは大きな荷重に耐えられる転がり軸受である。ニードルの径が小さいことと長さがあるため、使用上の難しさはある。
❸ ボールベアリングは点接触でありながら、軌道面をボールに沿わせることができるため、高回転、高荷重でも使用できる。
❹ 自動調心玉軸受は、芯合わせが難しい場合や軸がたわみやすい場合などでも、軸受中心の周りを自由に回転できる調心性がある。

二輪車のエアクリーナケース
目的：性能向上と吸気騒音の低減

❶ ろ過面積確保　　❷ 容積増加　　❸ 剛性向上　　❹ 過給効果

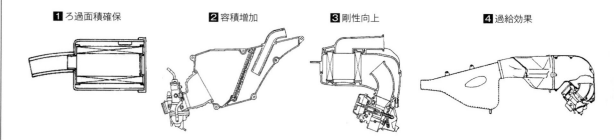

二輪車のエアクリーナケースは、
❶ 初期は出力向上のためにエレメントの抵抗を低減するという考えで、そのために、ろ過面積を確保する簡単な構成であった。
❷ エンジン出力が次第に向上してくると、吸気抵抗と騒音を低減するためにエアクリーナ容積を増加することが必要となり、形状的には容積を優先して平面に近い大きなRで形成された。
❸ さらに性能向上が求められてエンジンの上部にエアクリーナが配置され、より大容量の容積と剛性を向上するために、平面のない、球面を多用した形状となった。
❹ 走行風によってラム圧過給するようになり、吸気ダクトを前方に向けてヘッドライトの下側などに配置するため、雨水除去も含めてさらに大容量化され、複雑形状となった。

炊飯器の内なべ

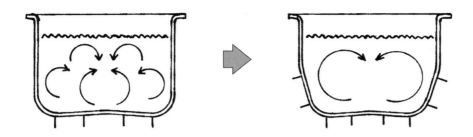

炊飯器は、かまどの羽釜のようなおいしい米飯を炊くために、加熱された水（湯）を均一に循環させる形状が必要である。
円筒形状では細かな循環になるため、米飯の上部と下部とで炊き方に違いが生じていたが、これは、強い加熱をするために底面積を大きくする必要から円筒形になっていたためである。

そのため、内なべ形状を椀形状にして、湯が内壁に沿って上昇し上部中央から吸い込まれる渦のような大きな循環ができるようにした（米は動かず、湯は米粒の間を通り抜ける）。これは、IHによる加熱になってコイルの形状もなべに沿って配置できるようになったことから、この形状が可能となったためである。これにより、米飯全体が均一においしく炊けるようになった。

液体容器

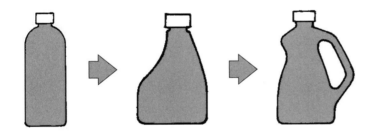

液体などを入れるプラスチック容器は、単なる容器として多少のデザインは加えられていたが、円筒形状の単純な形状であった。
用途が拡がり、スプレーする際に持ちやすくするために、首部が握りやすい非対称形状に変更された。
大型容器では注ぎやすくするために、取っ手を設けた形状が採用された。

ピロボール

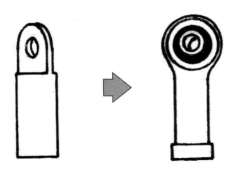

リンクなどのトルク伝達に、通常の軸受けはラジアル荷重のみを受けるが、ピロボールは自動調心型球面軸受なのでラジアル荷重とアキシャル荷重を同時に滑らかに負荷できる。

171

①一部を除去する　②複合個所を辞去する　③全体を除去する

自動車のハブベアリング
目的：構成の単純化と作業性の向上

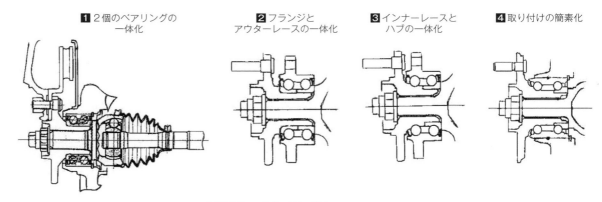

1 2個のベアリングの一体化　2 フランジとアウターレースの一体化　3 インナーレースとハブの一体化　4 取り付けの簡素化

自動車のハブベアリングは
1 かつては2個のベアリングが使用されていたものが、1個の複列ベアリングを用いるようになった。
2 フランジをアウターレースと一体化して、取り付けを容易にした。
3 片側インナーレースをハブで構成するようにした。
4 アウターレースの圧入と同時に抜け止めを行い、作業性が向上した。

自動車エンジンの燃料系

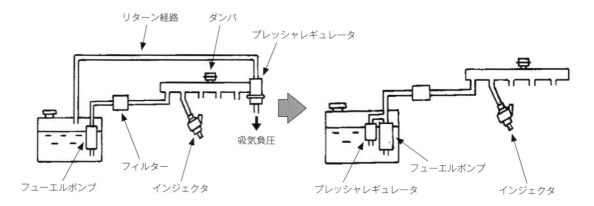

自動車エンジンは、インジェクタの開弁時間で燃料噴射量を制御しているので、燃料圧力を一定に保つ必要がある。
従来は、送られた燃料の余分を燃料レール端からリターン経路を介してタンクに戻すようになっていた。
リターンレスとして、前方のエンジンから後方のタンクまでのリターン経路を廃止した。

サーペンタインベルトドライブ

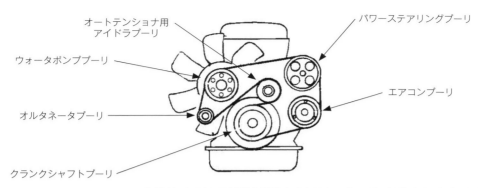

自動車エンジンの補機を駆動するために、かつては複数本のVベルトが用いられていた。
エアコンやパワーステアリングが標準化されるに伴って仕様が1つにでき、1本のVリブトベルトによってすべての補機を駆動するようになった。
張力の安定化のため、新規にテンショナを追加しているが、全体としてはシンプル化と小型化が可能となった。

自動車エンジンのオイルポンプ

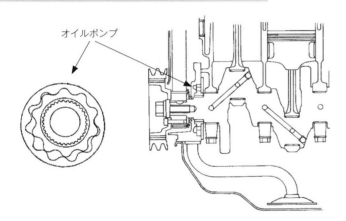

自動車エンジンの潤滑用ポンプとしてトロコイドポンプが用いられている。
ポンプ自体はインナーとアウターのみの簡単な構成であるが、それを直接クランク軸に装着することによって、駆動するためのギヤやチェーンなどを一切不要とした。最も簡単な構成で、かつては日本の自動車エンジンのすべてがこの設計となっていた。

電車のパンタグラフ

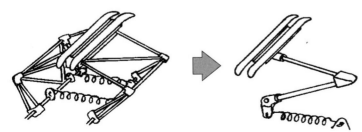

パンタグラフは、電車が高速になるに従って風切り音を低減する必要が増し、そのために菱形パンタグラフからアーム型のシンプルなタイプとなった。

あとがき

　技術分野が高度かつ専門化が進んだ現在の状況では、多様な着想を持つ人間が重要だといわれています。着想とはアイデアであり、「アイデアとは既存の要素の新しい組み合わせ以外の何物でもない」（ジェームス・W・ヤング）と言われています。われわれの問題レベルでは、ほとんど既存の要素の組み合わせで解決できるのでないでしょうか。ですから、アイデアは訓練によって出せるようになります。

　技術が高度化したとはいえ、起きている問題は以前に誰かが解決していると考えた方が自然です。そのため、違う分野の解決策を知ることはとても効果的です。実際、システムが新しくなったといっても、新しい材料や新しい製法などに負っている場合が多くあります。他分野の技術進化のおかげです。他人や他分野の力を借りて問題解決しているわけですから、うまく使えると効果的なのは明らかです。その方法が TRIZ です。

　TRIZ は、固有技術を活かして「平均的な技術者が優れた発明をすることができる」ようにするために考え出されたものですから、うまく使うことによって大きな効果が出せます。

　これまで、企業規模が大きいと開発に有利であると考えられてきました。しかし、上場企業では３か月ごとの業績開示が求められ、どうしても短期的な利益を求めざるを得ず、長期的な視点といってもせいぜい５年ぐらいだと言われます。

　１円でも株価を上げるのが良い経営者という評価では、短期的な利益が求められます。また、メイドインジャパンといえば高品質の代名詞のように思われてきましたが、そうとばかりは言えなくなってきているようです。市場をリードする新製品や高品質で競合相手を突き放すためには、新しいやり方が必要になります。先例主義、形式主義、横並び主義、事なかれ主義などからは、何ひとつ進歩につながるものは出てきません。

　規模に関わらず揺るぎない競争力を持つ企業として成長するために、技術力を強化することは不可欠です。「日本には高品質・高機能を実現する高い技術力がある」と言われてきましたが、必要なことはそれを活かした商品をタイムリーに市場に提供することです。先進国向けの商品に高い技術が求められ、新興国には従来技術で対応できるなどと考えている人はいないと思いますが、実際には新興国で苦戦している場合も多くあります。必要な技術とは、求められる商品を真似できないレベルで提供できる技術ということでないでしょうか。競合する外国企業のレベルも上がっていますから、従来通りのやり方では苦戦する場合も起こり得るかも知れません。

　それまで解決できなかった問題を、競合相手に先駆けて解決することが技術力です。そのための確実な手法が TRIZ です。優れた解決を競合相手に先にやられたらどうしますか？すぐに挽回できると思いますか？どのように実施しますか？しかも、技術は進化しますから、競合相手は従来とは異なる分野の企業である可能性もあります。そのような相手にしっかり対応できますか？持続的な成長に必要なことは、強い技術力でないでしょうか。

商品の競争力には企画からサービスまですべての部門が関わりますから、開発技術者だけではなく生産技術や製造技術者など多くの職種の方に、TRIZを身近なツールとして活用していただきたいと切に念じています。そのためのとっかかりとして、本書はこれまでTRIZがうまく使えなかった方や、初めての方にも役に立つと思います。TRIZを活用なさって、効果を上げられることを願っています。

井坂　義治

参考文献

1) 西村 健二他：「QFD と TRIZ による小型空調機の開発」第 8 回日本 TRIZ シンポジウム 2012 論文集、2012 年
2) 土屋　翔：「自動車用ユニット開発における TRIZ 適用事例」第 10 回日本 TRIZ シンポジウム 2014 論文集、2014 年
3) 笠井　肇：「開発設計のための TRIZ 入門」日科技連出版社、2006 年
4) 枝廣 淳子、内藤 耕：「入門！システム思考」講談社、2007 年
5) 桑原 正浩：「効率的に発明する」SMBC コンサルティング、2005 年

著者略歴

井坂　義治（いさか　よしはる）

㈱アイデア　プロジェクトコンサルティング担当シニアコンサルタント
1946年徳島県生まれ。ヤマハ発動機入社後、主としてモーターサイクルのエンジン技術開発に従事。2輪車初のV型4気筒エンジンや世界で初めての7バルブエンジンを開発、燃焼改善のための吸気制御装置の開発などを通して、400件以上の特許を出願。MC事業本部技術統括部エンジン開発室主管で退職。現在、静岡大学客員教授。静岡理工科大学非常勤講師。中部品質管理協会講師。㈱アイデア シニアコンサルタント
著書：「技術者のための問題解決手法　TRIZ」「QFDとTRIZ」養賢堂、「第3世代のQFD事例集」日科技連

TRIZで開発アイデアを10倍に増やす！
製品開発の問題解決アイデア出しバイブル　NDC501

2016年5月25日　初版1刷発行　（定価は，カバーに表示してあります）

© 著　者　井　坂　義　治
発行者　井　水　治　博
発行所　日　刊　工　業　新　聞　社
〒103-8548　東京都中央区日本橋小網町14-1
電話　編集部　03（5644）7490
　　　販売部　03（5644）7410
　　　ＦＡＸ　03（5644）7400
振替口座　00190-2-186076
URL　http://pub.nikkan.co.jp/
e-mail　info@media.nikkan.co.jp

組版　　　㈱ウ　エ　イ　ド
印刷・製本　新　日　本　印　刷　㈱

2016 Printed in Japan　　乱丁，落丁本はお取り替えいたします．
ISBN 978-4-526-07566-7

本書の無断複写は，著作権法上での例外を除き，禁じられています．